U0175945

特集

出版人 = 苏静
主编 = 茶乌龙
内容监制 = 黄莉
总编助理 = 张艺
监修 = 胖蝉

编辑 = 黄莉 / 陈明希 / 红楠 / 沐卉 / 夏溪 / 王宇翔
特约撰稿人 = 李文雯 / 刁荧 / 白雪薇 / 张启帆 / 李远 / 梁小萌
特约插画师 = nini / 掷儿 / 陈雪珺 / 摘梨 / Ricky
特约摄影师 = 恒昀 / 增田彰久 / 司北 / 宫滨佑美子 / Ryo Suzuki / 白雪薇 / 李远 / 孙振源
策划编辑 = 蒋蕾 / 茶乌龙 / 曹萌瑶 / 蒲晓天
责任编辑 = 杜若佳 / 黄莉 / 沐卉 / 仝聪聪 / 姜雪梅
营销编辑 = 刘姿婵 / 张艺 / 崔琦 / 陈和蕾
平面设计 = 张熙 / 黄俊 /KENJI/4z

it is JAPAN

Publisher = Johnny Su
Chief Editor = Lonny Wood
Content Director = Huang Li
Assistant of Chief Editor = Zhang Yi
Special Advisor = Pang Chan
Editor = Huang Li / Meiki / Hong Nan / Mu Hui / Xia Xi / Wang Yuxiang
Special Correspondent =Li Wenwen / Diao Ying / Bai Xuewei / Zhang Qifan / Li Yuan / Liang Xiaomeng
Contributing Illustrator = nini / Zhi Er / Chen Xuejun / Jelly / Ricky
Contributing Photographer =Heng Yun/

Akihisa Masuda /Sibei / Miyahama Yumiko / Ryo Suzuki / Bai Xuewei / Li Yuan / Sun Zhenyuan
Acquisitions Editor = Jiang Lei / Lonny Wood / Cao Mengyao / Pu Xiaotian
Responsible Editor = Du Ruojia / Huang Li / Mu Hui / Tong Congcong / Jiang Xuemei
Marketing Editor = Liu Zichan / Zhang Yi / Cui Qi / Chen Helei
Graphic Design = Zhang Xi / Huang Jun / KENJI / 4z

知日·日本茶道完全入门

图书在版编目（CIP）数据

知日·日本茶道完全入门 / 茶乌龙主编. -- 北京：
中信出版社, 2020.7（2022.1 重印）
ISBN 978-7-5086-9613-3

I.①知… Ⅱ.①茶… Ⅲ.①茶文化-日本 Ⅳ.
①TS971.21

中国版本图书馆CIP数据核字(2018)第233704号

知日·日本茶道完全入门

主　　编：茶乌龙
出版发行：中信出版集团股份有限公司
　　　　　（北京市朝阳区惠新东街甲4号富盛大厦2座　邮编　100029）
承 印 者：鸿博昊天科技有限公司

开　　本：787mm×1092mm　1/16　　　插　　页：8
印　　张：13.5　　　　　　　　　　　字　　数：250千字
版　　次：2020年7月第1版　　　　　印　　次：2022年1月第3次印刷
书　　号：ISBN 978-7-5086-9613-3
定　　价：79.00元

特集 主要撰稿人

胖蝉
茶人。毕业于早稻田大学,现居上海。师从江户千家,在事茶、制茶、藏器、制器方面均有建树。在多家机构任茶道讲师,运营茶主题公众号"蝉室"。

江隐龙
专栏作家,职业法律人。

葛蓓蓓
1994年生,因动漫、文学与日本结缘,对日本历史文化抱有浓厚的研究兴趣。曾就读于南开大学和东京大学,主攻日本近现代文学(明治时代、大正时代)。现攻读东亚研究专业硕士,从事中日比较文化研究。

周楚楚
撰稿人,日本文化爱好者。自日本语言文学、女性教育史与制服史入门,现学习日本传统技艺的传承与今用。

风蚀蘑菇
亚文化爱好者,热衷于有趣而无用之事。专注现代视觉艺术、文本阐述、美酒美食及旅游。运营自媒体"蘑菇茶话会"。

受访人

杉本博司
日本现代艺术家,1948年出生于东京。1970年前往美国留学,并于1971年起常住纽约。他追求极致的艺术理念,摄影常使用8×10英寸(203.2毫米×254毫米)大画幅相机,手法细腻精致,作品被世界各地的美术馆收藏。

2008年,杉本博司与建筑家榊田伦之共同创立了"新素材研究所"。2017年,杉本博司创立的小田原文化财团旗下设施——江之浦测候所开放。主要著作有《兴趣与艺术——味占乡》《空间感》《艺术的起源》《现象》《直到长出青苔》等。主要获奖经历:2009年获高松宫殿下纪念世界文化奖、2010年获紫绶褒章、2013年获法国艺术文化勋章等。

小堀宗实(不传庵)
远州茶道宗家十三世家元。茶道巨匠小堀远州的嫡系后裔,十二世家元小堀宗庆的长子。学习院大学毕业后赴临济宗大德寺派桂德禅院修行,平成十二年(2000)获大德寺管长福富雪底禅师授"不传庵""宗实"号,翌年继承十三世家元至今。

秉承"以茶润心"理念,致力于青少年茶道教育和茶道文化的海外推广,兼任远州流茶道联盟最高顾问,小堀远州显彰会理事长,新加坡国立大学名誉教授。

六代目北川直树
合名会社北川半兵卫商店专务董事,宇治商工会议员。北川半兵卫创立于文久元年(1861),是宇治最负盛名的资深茶商。截至2018年,北川半兵卫自产的碾茶共斩获日本最高荣誉"农林水产大臣赏"11次。旗下茶园更有合计获奖34次的佳绩。

与其他传统行业的嫡系继承人一样,北川直树在成为企业掌舵人前已是一名资深茶审评师,通过数目庞大的名优茶交易磨炼出的敏锐感官和技巧,至今仍帮助他活跃在碾茶交易的第一线。

丸谷诚庆
现任丸八制茶场社长。丸八制茶场位于石川县加贺市,到现在已有150多年的历史。从创业之初到现在,丸八制茶场一直致力于推广日本茶文化、日本茶之味,努力发掘日本当地棒茶的特色,精研制茶工艺,希望能不断地提升茶品的质量和味道。正是因为有这样的匠人之心,丸八制茶场才能走过这么多的年头。

藤森照信
日本建筑史学家,建筑家。曾任日本东北大学名誉教授、东北技术工科大学客座教授、东京大学名誉教授,现任江户东京博物馆馆长。屡获建筑类国际大奖,并有多部建筑学相关著作,其著作《日本近代建筑》被日本建筑界视为必读之作。他的作品强调运用自然原有的素材,重新建立人与自然的联系,藤森的作品散发的温暖、原始的魅力,触动了当代人对自然生活的向往。这样充满了创想的他也被称为"建筑界的老顽童"。

十五代乐吉左卫门
乐家前当主,"千家十职"之首。乐美术馆理事长。当代日本最杰出的茶陶艺术家之一,在日本艺术界和工艺界均享有极高的声誉。

自初代长次郎创乐烧以来,乐家一直严格奉行"一子相传,不设分家"的制度,十五代乐吉左卫门自32岁袭名以来一直深耕于茶陶领域,由他创烧的"烧贯"茶碗技法在日本国内和国际上均得到了广泛认可。同时,十五代也热衷于学术研究,在茶陶和传统艺能领域均有丰富的著述。

十六世松林丰斋
朝日烧当主。朝日烧为远州七窑之一。因为地处茶都宇治的中心地带,自古便受到茶人的格外青睐。是极罕见的抹茶道与煎茶道茶具均擅长的茶陶窑口。

水田志摩子
畠山纪念馆策展课长。畠山纪念馆位于东京港区白金台。最初由荏原制作所的创始人、实业家畠山一清先生创立。馆内藏品以茶道具为主,内含日本国宝6件。水田志摩子自2009年开始担任畠山纪念馆策展课长。因为想将茶道和日本其他传统文化的魅力传播给大众,水田会去到小学及初高中授课,向人们传播日本传统文化的魅力。

十六代上林三入
全国茶审评技术竞技大会6段鉴定师。其家族曾是将军家的御茶师。上林家经营的店铺上林三入至今也有500年历史,是日本茶界名副其实的超级老铺。第十六代上林三入十几岁便开始打理家族生意,并在原店铺基础上创建了"宇治茶资料室",致力于向世界推广宇治茶文化。

小山俊美
京都出生。毕业于京都同志社大学。丸久小山园株式会社专务董事。

二阶堂明弘
来自北海道札幌市,是日本近年来备受瞩目的当代陶艺家。创办了"陶ISM"机构,将日本各地的年轻陶艺家聚集起来举办展览,给年轻艺术家们一个展示的平台。

特别鸣谢
●一保堂●日本国立国会图书馆●杉本博司工作室●五岛美术馆●大都会艺术博物馆●美国国会图书馆●北川半兵卫商店●丸八制茶场●火学社●乐美术馆●益田屋●丸久小山园●上林三入● HIGASHIYA GINZA ●茶茶之间●畠山纪念馆●杉本博司●千宗屋●小堀宗实●六代目北川直树●丸谷诚庆●藤森照信●十五代乐吉左卫门●十六世松林丰斋●水田志摩子●十六代上林三入●小山俊美●二阶堂明弘

联络知日 ZHI JAPAN
●订阅、发行、投稿、建议、应募、商业合作 ✉ zhi.japan@foxmail.com ●微博 ☞@ 知日 ZHIJAPAN ●微信 ☞zhi_japan ●豆瓣小站 ☞ http://site.douban.com/113806/ ●发行支持 ☞ 中信出版集团股份有限公司,北京市朝阳区惠新东街甲4号,富盛大厦2座,100029

知日●
日本茶道完全入门

知日 59
It is JAPAN

❶ ⇨ **日本茶的基本**
日本茶の基本

红楠、李文雯 / 文
一保堂、日本国立国会图书馆 / 供图

《知日》编辑部

茶,本为解渴饮料。时代发展中,其效用逐渐显现。在此基础上加入精神层面要素,便有了茶道。

茶道既为日本传统文化,也是一门综合性艺术。今天人们所认识的茶道与禅宗关系密切,四百年前由千利休集成整合,饮茶修身可谓其头等要义。

对于茶之心的理解,千利休曾有过这样的描述:

烧水、冲点、饮用,即谓茶汤。简洁明了,却又富含深意。通过一碗茶使主客达到心照不宣的默契,这便是日本茶道。

不仅是碗中茶,包括花、庭等"代表日本"的古老生活方式,与谦逊感恩的传统礼节都在茶道中得到了充分保留。从这个意义上来说,认识日本茶道也是理解日本的有益尝试。

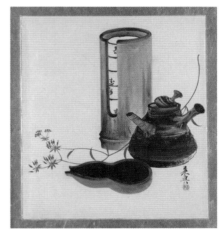

茶具·柴田是真·大都会艺术博物馆

一碗茶的奥义

一碗のお茶の奥義

杉本博司的现代茶室设计

杉本博司の現代茶室デザイン

◎刁荧／采访＆文

◎杉本博司、杉本工作室／供图

◎黄莉／编辑

说到现代茶室，杉本博司是一个绕不开的名字。可他并不是科班出身的建筑设计师，摄影师、艺术家是他更为常见的头衔。20 世纪 70 年代，他前往美国学习摄影，如今成为日本国宝级摄影大师，被誉为"最后的现代主义者"。他的创作源于东西方的历史与哲学。东方艺术的灵与美经由他手，巧妙地在西方艺术领域再现。

近年来杉本博司开始向建筑设计之路迈进，并谦称自己是新人建筑师。"虽然被称为摄影家，但我一直在处理水、空气和光线明暗等元素，我认为建筑也是类似的艺术。"如果说杉本博司的摄影作品是极致的时间艺术，那么他的建筑设计便是极致的空间艺术。

在他遍布全球的建筑作品里，总少不了茶室的存在。

2010 年，他在位于美国纽约的工作室内建造了茶室"今冥途"，初次完成了拥有一个个人独立茶室的梦想；2014 年，他为威尼斯建筑双年展设计了位于意大利威尼斯圣乔治·马焦雷岛的"蒙德里安玻璃茶室闻鸟庵"；2017 年，杉本博司创立的位于日本神奈川县小田原市的江之浦测候所正式开放，其中包括以千利休的待庵为本体的茶室"雨听天"。

杉本博司的纽约工作室位于纽约切尔西区一幢具有 80 年历史的建筑物的 11 楼，而今冥途建在与工作室相邻的空间内，这间乍看类似日本传统茶室的工作室暗藏巧思。四叠半（约 7.29 平方米）的茶室，既可以完全封闭，也可以打开，像一个小小的舞台。

杉本博司于江之浦测候所
照片提供：杉本工作室

杉本博司——日本现代艺术家，1948 年出生于东京。1970 年前往美国留学，并于 1971 年起常住纽约。他追求极致的艺术理念，摄影常常使用 8×10 英寸大画幅相机，手法细腻精致，作品被世界各地的美术馆收藏。

2008 年，杉本博司与建筑家榊田伦之共同创立了『新素材研究所』。2017 年杉本博司创立的小田原文化财团旗下设施——江之浦测候所开放。主要著作有《兴趣与艺术——味占乡》《空间感》《直到长出青苔》等。主要获奖经历：2009 年获高松宫殿下纪念世界文化奖、2010 年获紫绶褒章、2013 年获法国艺术文化勋章等。

此外，茶室中朝西的窗户正对着哈得孙河，人们可以欣赏到哈得孙河上美丽的落日。杉本博司说："日暮时分，客人们三三两两聚集而来，看着夕阳西下，天色一点一点暗下来。客人们端着香槟酒杯，这时便可以点上几根和式蜡烛，这就是我想要的。"

蒙德里安玻璃茶室闻鸟庵是 2014 年威尼斯建筑双年展的一部分。它结合了木材、玻璃和水的元素，主要由两个部分组成：一个开放的庭园景观和一个封闭的玻璃立方体。庭园外侧栅栏的设计灵感源于伊势神宫，材料则是来自日本东北地区的雪松。长长的镜面池则由玻璃马赛克组成，池面上交错的木梯把人引向中心的茶室。在这个透明的空间内，茶人在里面展示着传统茶道。茶室一次只能容纳两个客人和一位茶艺师，其余的观者可以在一旁欣赏一段 30 分钟内的茶道表演和茶室周围的景致。

千利休认为茶室应该是封闭的空间，而小窗只是为了采光。但杉本博司认为，所谓的茶人都是拥有强烈的自我风格的人，所以在设计蒙德里安茶室之时，他故意反其道而行之，采用了全玻璃的开放形式来呈现他的茶室理念。在艺术的世界中打破传统陈规，并在废墟残骸中开辟新生之路，实际上，杉本博司与千利休正是同种信念的实践者。

小田原文化财团的江之浦测候所则是一所坐落在海边的、与自然景观完美融合的气候观察所，背山面海，景色优美，是为了观测冬至和夏至、春分和秋分时太阳的轨迹而建造的。杉本博司为其构思超过 10 年，这座建筑普遍被人们认为是"杉本博司集大成之作"。

江之浦测候所除了有夏至光遥百米长廊和冬至光遥百米隧道之外，还有室外光学玻璃舞台、仿罗马圆形剧场和茶室，仿佛全部是为了艺术而构建的景色。不仅如此，这里还有杉本博司从日本全国各地收集而来的名石，建筑则参照了日本古建筑的传统工艺。"我的初衷是在现代人的大脑内复苏人类最古老的记忆。"杉本博司对于空间的敏锐感觉，以及对于自然景观的观察，都在这江之浦测候所得到了完美展现。从这里，你可以领略到日本四季不同的景色之美。

通往茶室雨听天需要经过一个小小的庭园，那是从世俗中抽离出来，清净自身，以通往茶之圣域的必经之路。经过在小池上架起的之字桥，到达洗手钵，在缝隙中便可以看到里面茶室的铁皮屋顶了。

雨听天的蓝本是千利休的茶室待庵，最初设计方案早在 2013 年便已确定。落成以后，茶室前立着一个小小的古代样式的石造鸟居，穿过鸟居的石板路用的是古坟石棺盖板；茶室入口置鞋用的踏石由光学玻璃制成，茶室整体为土墙，柱子用的是天平时代的古木材，边框用的是用斧子等工具削磨后留下自然纹路的栗木，屋顶则选用了现代最廉价的旧铁皮板。

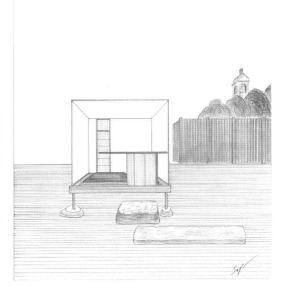

1 | 2

1 茶室雨听天
照片提供：杉本工作室
2 蒙德里安玻璃茶室闻鸟庵
设计图
图片提供：杉本博司

专访
杉本博司

"我希望能在与客人一同品茶之时，感受到利休和杜尚的精神启迪，我希望今冥途能成为'捏造'意外之美的场所。"

知日：您对茶道颇有研究，请问您是什么时候开始对茶道感兴趣的呢？

杉本：在我前往美国洛杉矶学习摄影之前，二十一二岁时，我参加了朋友姐姐的茶道练习会。之所以对茶道产生了兴趣，是因为那时那位待客的女子非常美丽动人。

知日：您有熟识的日本茶人吗？

杉本：我曾和武者小路千家若宗匠的千宗屋共同举办过几次茶会。

知日：禅宗中认为"房屋不过是暂时的栖身之所"，心高于物，在您的作品中也有几处有名的茶室。茶室对于您来说是什么样的存在呢？

杉本：茶室即体现日本空间感的场所。

茶室今冥途
照片提供：杉本博司

知日：可以请您聊聊纽约工作室里的茶室今冥途吗？您会经常举办茶会吗？

杉本：将喝茶品茗如此日常的行为升华为与艺术同等境界的，是千利休。待客之时，利休会为客人精心挑选挂轴书画，装饰相称的插花作品，考究即将使用的茶具，甚至在端上来的茶点和料理里融入季节的旨趣。而利休和客人正是在茶会中享受这一切要素相互配合而产生的"意料之外的美"。

那里的"意料之外"，是一种价值的转换，也可以说是一种"捏造"。当时，利休避开了豪华书院，转而使用田舍小屋一般的茶室，并且舍弃了价值连城的宋青花瓷瓶，转而放上清晨山上拾来的青竹筒。所有当年极贵重的艺术品，都得不到利休的青睐。他选择了随处可见的、廉价的，不，是远超那些艺术品价值之上的日常物件。

当我想到马塞尔·杜尚时，我便会同时想起与他相隔近四百年岁月的千利休。所谓艺术，在任何时代，都必须创造新的价值。在给茶室命名时，我将杜尚的现成品艺术直接意译成"今冥途"。这个名字拥有不可思议的语感——仿佛此生为死后之世，此处为天外之界。

在纽约举办个人展览时，我经常会邀友人和相关工作人员来这个新落成的茶室开茶会，可以说茶会也是我个展的一部分。我希望能在与客人一同品茶之时，感受到利休和杜尚的精神启迪，我希望今冥途能成为"捏造"意外之美的场所。

1 | 2

1 茶室今冥途
照片提供：杉本博司
2 杉本博司位于纽约的个
人工作室
照片提供：杉本博司

知日：蒙德里安玻璃茶室闻鸟庵的设计是如何考虑的呢？

杉本：自 16 世纪以来，日本但凡有一定的社会地位和教养的人，都有饮茶的习惯。以茶待客，这一日常行为被升华为了一种艺术仪式——包罗万象。狭小的空间里，饰有一画，与画相呼应的，是茶道里茶碗的形态和色彩凝聚的独特的审美。而主人烹茶的姿态则必须如瓦斯拉夫·尼金斯基的舞姿一般优雅。

茶道内含了西方的一切艺术要素：

姿态——舞蹈
挂轴——绘画
茶碗——雕塑
"汤音"（热水沸腾的声音）——音乐
茶室——建筑

各个要素相互渗透，浑然一体。

茶室的命名需要诗意。我在组建这个玻璃茶室之时，惊觉它与蒙德里安的画面构成正相呼应。在茶道里，对抽象的追求已有三百年历史。茶道美学的完成者千利休在考虑茶室待庵的墙壁构成与庭石置放时，就尝试了抽象的表现。当然我的茶室也完全受到了利休的影响。我试着把蒙德里安的韵味翻译成日语，于是就有了"闻啼鸟小屋"，即"闻鸟庵"之名。我认为蒙德里安听到了利休跨越时空的声音，彼声如鸟鸣。

蒙德里安玻璃茶室闻鸟庵
照片提供：杉本博司

知日：请您讲解一下位于江之浦测候所里的茶室雨听天的设计构思与理念。

杉本：雨听天是千利休修建的茶室待庵的"本歌取"，"本歌取"即日本和歌里引用古典，借用其精髓并创作新作的手法。待庵被利休视为他所追求的侘茶的完成形态之一，他在二叠（约180厘米 × 180厘米）大小的极小室内，借用墙上小窗照射进来的光线形成的光影，打造绝妙的空间构成。当时使用的材料并非铭木（珍贵木材）而是拼凑而来的，墙壁也只是朴素的土墙。由此他有意地营造了隐于山居的仙人感的"贫"。而我正是效仿了千利休的茶室待庵的做法。

江之浦这里现存茶室天正庵的遗迹。天正庵据说同样为利休所造。相传天正十八年（1590），丰臣秀吉为了抚慰征战的诸将而命利休在此建造茶室。我将这块土地的记忆一并封入了我的茶室之中。为此我找到了附近蜜柑田里的小屋，将其锈迹斑斑的白铁皮屋顶拆下，移花接木变成了新造茶室的屋顶。如果利休在世可能也会利用同样的材料吧，我当时是如此假想的。

雨天，从天而降的雨珠"咚咚"地敲响着铁皮屋顶，于是这个茶室被命名为"雨听天"。春分和秋分时节，阳光可以随着日出从茶室的入口照射进来，一直照到替代了传统石板的光学玻璃上，闪耀出炫目的光彩。

知日：请问您理想中的茶室是什么样的呢？

杉本：我认为不存在绝对理想的茶室。艺术也是同理，不要去设定理想中的艺术。

知日：您如何看待日本茶道的精神？

杉本：关于这一点我仍在探寻之中，不想给出明确的答案。在此只说一句，"隐秘方为花"。

"隐秘方为花"出自世阿弥的能剧理论书《风姿花传》，意思是花正因为隐秘才能成为花，如果不隐藏起来便会失去花的价值。这不失为一种不显示全部、表现稍微有象征性的东西，反而可以使观者有效地发挥他们的想象，进而诱发他们表达欲的方法。作为一个作品哲学意味浓郁，深受蒙德里安、杜尚和千利休影响的视觉艺术家，杉本博可谓深谙此道。

1 | 2

1、2 位于江之浦测候所的茶室雨听天
照片提供：杉本工作室

江之浦測候所日落之景
照片提供：杉本工作室

《茶之书》：茶道精神的至高表达

茶の本：茶道の粋極まる表現

◎沐卉／编辑

《茶之书》(*The Book of Tea*) 普遍被人们认为是对茶道精髓最优雅的表达。1904年，任职于美国波士顿美术馆中国、日本美术部的冈仓天心，在大洋彼岸写下了这部经典之作。当时日本刚经历明治维新，正与沙俄激烈交战，这个神秘的岛国在西方人看来，展现出以"武士道"为信仰的好战的一面。《茶之书》全文以英文撰写，以"茶"为魂，向西方展现出日本文化平和、内省的一面。

《茶之书》不是茶道指南，它从茶道的渊源开始，由此衍生的建筑、庭园、衣着、器艺、绘画等这些日本古老文化一隅中的东西也随之被娓娓道来。日本人因茶而经营起日常，因茶而自省、自律、自足，这样的"茶的精神"影响了世世代代的日本人。

1906 年，《茶之书》在纽约出版，它被视为第一部向西方世界展现日本茶道的著作。之后《茶之书》还被译成了法文、德文、西班牙文、中文、瑞典文等十几个文种，广为流传，其内容甚至被选入了美国中学的教科书。

冈仓天心（1863－1913），日本思想家、文人，日本美术院的创立者，日本美术史学研究的开拓者。在西洋文明大肆涌入的明治时代，冈仓天心为日本传统美术的价值发扬和日本近代美术的发展做出了巨大贡献。《茶之书》、《东洋的理想》和《冈仓天心全集》是他的三部英文代表作，而他本人也被称为"日本近代美术之父"。《茶之书》的发表与新渡户稻造的《武士道》的发表时间相差无几，彼时武士道被看作日本的信仰，也正是为打破这一片面的看法，冈仓天心才写下了《茶之书》。

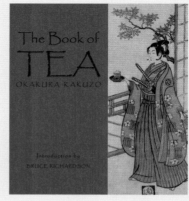

《茶之书》[1]

目录

仁者之饮

饮法流变

禅道渊源

茶室幽光

品鉴艺术

莳花弄草

茶师之死

1 冈仓天心. 茶之书 [M]. 徐恒迦，译. 北京：中国华侨出版社，2015

茶道，是在日常染污之间，因由对美的倾慕而建立起来的心灵仪式。茶道教人纯净和谐，理解互爱的奥义，并从秩序中挖掘出浪漫情怀。它是一种温柔的尝试，试图在我们所知生命的无穷尽的不可能中，来成就那些微小的可能，其本质是对不完美的崇拜。

Teaism is a cult founded on the adoration of the beautiful among the sordid facts of everyday existence.It inculcates purity and harmony,the mystery of mutual charity,the romanticism of the social order.It is essentially a worship of the imperfect,as it is a tender attempt to accomplish something possible in this impossible thing we know as life.

——《茶之书·仁者之饮》

正如茶室又被称为"空之屋"或是"不圆满之屋"，茶道的很多象征常常具有"不完美"的寓意，它同时也象征着从不完美到完美的一种修行。

它既存于金闺雅阁，又遍于市井民巷。山野农夫因之学会侍弄芳华，最粗鄙的劳工也会表达对山岩流水的敬意。

It has permeated the elegance of noble boudoirs, and entered the abode of the humble. Our peasants have learned to arrange flowers, our meanest labourer to offer his salutation to the rocks and waters.

出自《茶之书·仁者之饮》

煎煮饮用的茶饼、击拂饮用的茶末和沏泡饮用的茶叶，分别展示了中国唐、宋、明三朝各自特有的人文情感的悸动。如果借用已相当陈滥的艺术分类术语，我们可以把它们划归于茶的古典派、浪漫派和自然派。

The Cake-tea which was boiled, the Powdered-tea which was whipped, the Leaf-tea which was steeped, mark the distinct emotional impulses of the Tang, the Sung, and the Ming dynasties of China. If we were inclined to borrow the much abused terminology of art-classification, we might designate them respectively, the Classic, the Romantic, and the Naturalistic schools of Tea.

——《茶之书·饮法流变》

冈仓天心年轻时曾游历中国和印度数年，对于中国的茶文化有着不凡的造诣，从自古以来的制茶之道和诗人们的歌颂，再到陆羽的《茶经》，都在书中有着详致分析。

我们有战士对天皇效忠自尽的"死的艺术"，却鲜有评论关乎茶道，关乎这"生的艺术"。

Much comment has been given lately to the Code of the Samurai, the Art of Death which makes our soldiers exult in self-sacrifice,but scarcely any attention has been drawn to Teaism, which represents so much of our Art of Life.

出自《茶之书·仁者之饮》

基于佛教一切无常的数理，以及心高于物的修行要求，禅宗认为房屋不过暂时的栖身之所。就连我们的身体，也只不过是荒野中的茅屋，由四周野草捆扎而成的脆弱的庇护之地，当有一天草不再紧束开始散落，人身便归之荒野。

With the Buddhist theory of evanescence and its demands for the mastery of spirit over matter, recognized the house only as a temporary refuge for the body. The body itself was but as a hut in the wilderness. A flimsy shelter made by tying together the grasses that grew around,when these ceased to be bound together they again became resolved into the original waste.

——《茶之书·茶室幽光》

茶室那茅草屋顶，诉说着万物之易逝；纤细支柱，暗示着人生之脆弱；竹制撑架，透露出个体之轻微。平凡的选材映射出明显的漫不经心，教人无须过于执着于这世界的无常。

In the tea-room fugitiveness is suggested in the thatched roof, frailty in the slender pillars, lightness in the bamboo support, apparent carelessness in the use of commonplace materials.

出自《茶之书·茶室幽光》

唯有那些活着时环抱美的人，才有绝美的离去。

He only who has lived with the beautiful can die beautifully.

出自《茶之书·茶师之死》

在 16 世纪，茶室为致力于日本的统一与重建的勇猛武士与政治家们提供了一处温暖的歇息之所。

In the sixteenth century the tea-room afforded a welcome respite from labour to the fierce warriors and statesmen engaged in the unification and reconstruction of Japan.

出自《茶之书·茶室幽光》

自千利休开始，进入茶室的人一律都没有世俗意义上的地位，武士不可以佩刀，贵族也需要与平民相挨而坐。据说即便是带枪的西洋人，也需要卸下武器。

茶师是不朽的，他们的爱和恐惧在我们身上一次又一次再生。真正打动我们的，是茶师的灵魂而非双手，是人性而非技术——他们的召唤越是充满人情，我们的回应就越深沉。

The masters are immortal,for their loves and fears live in us over and over again. It is rather the soul than the hand, the man than the technique, which appeals to us,— the more human the call the deeper is our response.

出自《茶之书·品鉴艺术》

在工业革命飞速发展的近代，《茶之书》所警示的还有在这样一个推崇技术的时代，也不能忘记人本有的对美的向往。

茶师选好花卉之后，任务便结束了，接下去便是由花朵自己去诉说它们的故事。

The tea-master deems his duty ended with the selection of the flowers, and leaves them to tell their own story.

出自《茶之书·莳花弄草》

日本的花道与茶道几乎是同时出现，而插花在茶道中，需要结合季节、茶室设计和来客进行搭配。

如果有叶子，他们总是让它枝叶相连，以表达植物生命全部的美。

It may be remarked in this connection that they always associate the leaves,if there be any, with the flower, for the object is to present the whole beauty of plant life.

出自《茶之书·莳花弄草》

茶道的全部理想，实为禅宗从微小之处见伟大观念的缩影。道家奠定了茶道美学理想的基础，而禅宗，则将这一理想付诸了实践。

The whole ideal of Teaism is a result of this Zen conception of greatness in the smallest incidents of life. Taoism furnished the basis for aesthetic ideals, Zennism made them practical.

出自《茶之书·禅道渊源》

在宗教里，未来是身后之事；在艺术中，当下即是永恒。茶师们的观点是，真正的艺术鉴赏，只存在于那些以艺术为生活方式的人中间。

In religion the future is behind us. In art the present is the eternal.The tea-masters held that real appreciation of art is only possible to those who make of it a living influence.

出自《茶之书·茶师之死》

如果一个人不把自身引向美，那么他就没有任何资格接近美。

These were matters not to be lightly ignored, for until one has made himself beautiful,he has no right to approach beauty.

出自《茶之书·茶师之死》

茶师们追求与宇宙自然的节律和谐一致，早将生死看作平常之事，随时准备踏入那未知的河流。而"利休的绝饮"，作为悲壮庄严的极致，将在时光中永存。

Seeking always to be in harmony with the great rhythm of the universe, they were ever prepared to enter the unknown. The"Last Tea of Rikiu"will stand forth forever as the acme of tragic grandeur.

出自《茶之书·茶师之死》

冈仓天心以"利休之死"作为《茶之书》的终章，生动再现了利休临死时的最后一场茶会，只见他从容不迫地烹茶，最后送客，然后慷慨赴死，正如嵇康弹罢一曲《广陵散》的豪爽淡然，让人心生敬意。

何谓茶道？

茶道とは何か

◎江隐龙、meiki／文
◎黄和／编辑

毫无疑问，茶叶与茶道均发轫于中国，不过由茶叶到茶道，却着实经历了好一番演变。

茶叶最早是以药材的身姿出现在世人面前的。随着时间的流逝，人们开始将茶叶与其他食材杂煮饮用，其作料囊括了葱、姜、橘皮、薄荷等，倒更接近于羹汤。直到魏晋南北朝时，茶叶才从"五味杂陈"中渐渐独立出来，有了诸如"茶丛生，直煮饮为茗""吴人采其叶煮，是为茗粥"的记载。而到了隋唐两朝，饮茶之风已经流行于大江南北，并且发展出了极具文化色彩的茶宴。吕温曾作过一篇《三月三茶宴序》，将上巳节时的茶宴盛况描绘得绘声绘色：

"三月三日，上巳禊饮之日也。诸子议以茶酌而代焉。乃拨花砌，憩庭阴，清风遂人，日色留兴。卧指青霭，坐攀花枝，闲莺近席而未飞，红蕊拂衣而不散。乃命酌香沫，浮素杯，殷凝琥珀之色；不令人醉，微觉清思。虽五云仙浆，无复加也。座右才子南阳邹子、高阳许侯，与二三子顷为尘外之赏，而曷不言诗矣。"

吕温是贞元十四年（798）的进士。六年之后，也就是日本延历二十三年（804），一位日本僧人作为遣唐僧乘海船来到了唐朝寻求佛法，从长安一路行进到浙江天台山。次年，这位僧人返回日本，在他的船舱中，不仅满载着佛经法器，同时还有几颗茶种。正是这些茶种，带来了日本列岛与茶的第一个照面。

这位僧人，便是日本天台宗的创始人最澄。最澄回国后，将茶种小心地种植于比睿山延历寺，创造了日本最古老的茶园：日吉茶园。与最澄的经历相似，日本真言宗创始人空海几乎在同时至唐朝寻求佛法，并在回国时带回了一些唐人的制茶工艺与饮茶方式。在这些遣唐僧的推动下，平安时代的日本第一次掀起了饮茶之风。

不过茶叶毕竟是舶来品，日吉茶园里的茶树还远远不足以让茶叶在日本文化中生根发芽。据《日本后纪》记载，嵯峨天皇经过崇福寺时，大僧都永忠法师曾"自煎茶奉御"，从中可以看出茶叶的珍贵。唐朝灭亡后，中日交流因为中原陷入动乱而基本断绝，缺少了唐朝的牵引，昙花一现的饮茶之风随之消沉下去，那些遣唐僧漂洋过海带来的茶种也渐渐淡出历史舞台。

这一时期的日本"有茶无道"，或许可以视为日本茶道的"史前时代"，而改变很快就到来了。南宋时期，荣西两度入宋寻求佛法，而当他回国时，与前辈们一样为日本带来了茶种。荣西将带来的茶种在日本广泛种植，这其中以栂尾高山寺所产的茶叶味道最

为纯正，后世日本人遂将栂尾茶称为"本茶"，将其他地方的茶称为"非茶"。

这一分野成为日本茶文化之始，很快，日本贵族开始效仿宋人进行斗茶。斗茶有些类似饮茶竞猜，品茗者通过饮茶来鉴别茶叶——当然包括区别"本茶"与"非茶"。除此之外，还要鉴别茶汤所用的水，猜对多的便成为赢家。为了举行斗茶会，日本人还建起两层饮茶亭，楼下客殿作为等待场所，楼上则是茶客们斗茶所用的台阁。饮茶亭、斗茶会在最初完全是宋人茶道的移植，直到书院建筑传入日本与斗茶会相结合，这才开始了日本茶会的本土化。

有了文化盛事的推波助澜，这次茶叶在日本真正扎下了根。日本贵族酷爱茶会与书院建筑，那如何将这两者融为一体呢？面对这一疑问，日本茶道的萌芽出现了。

斗茶亭里的日本"史前"茶道

融合茶会与书院建筑的任务，交到了足利将军的同朋能阿弥手中。同朋是室町时代侍奉将军、大名的艺人、茶匠和杂役的统称。能阿弥本名中尾真能，最初也是武士，后为追求艺技而成为同朋，这在当时实在是一个需要

勇气的选择。与一般同朋不同的是，能阿弥几乎精通室町时代所有艺技，堪称"万艺大师"。他精通和歌，跻身于"连歌七贤"；他擅长立花，即花道的前身；而他最为杰出的才能则是唐物鉴别——唐物指的是从中国流传至日本的艺术品，是日本茶会中不可或缺的器物。

作为这样一个全能型人才，由能阿弥来制定、改革茶会规则自然最适合不过。能阿弥首先制定了书院茶室的装饰规则。这一规则颇为复杂，却完美地诠释出了室町时代的审美倾向，比如壁龛中首先要挂"三幅对"或"双幅对"，挂轴前面要放"三具足"，高低搁板上放置香盒、茶叶罐、天目茶碗和汤瓶……依托于新式的茶室装饰，能阿弥进一步将佛教饮茶传统与武家风格融合，开创了日本风格的台子点茶法。从今天的视角来看，能阿弥的茶室装饰规则与台子点茶法无疑都过于烦琐，但他的改革却扫除了之前斗茶会的奢靡嘈杂之风，使茶会渐渐向清净幽雅的方向转型。没有能阿弥，日本茶道的诞生很可能要晚几个世纪。

能阿弥之后，日本茶道的"开山之祖"村田珠光出场了。珠光本是僧人，曾跟随能阿弥学习立花与唐物鉴别，能阿弥对其极为钟爱，不仅将"书院茶"倾囊相授，更让其接触到足利将军传承的唐物名器"东山御物"。离开能阿弥后，珠光又跟随一休和尚修行，在参禅过程中将能阿弥的茶道与一休佛法相融合，悟出了"佛法亦在茶汤中"之理。

珠光开悟的那一刹那，或许是日本茶道史上最重要的瞬间。

在珠光之前，茶室等级色彩明显，其入口都分为"贵人门"与"窝身门"，下人进入茶室只能膝行进入。珠光取消了这一区别，让大家都从"窝身门"进入，以示众生平等。珠光对茶道的态度也非常严肃，强调"宾主举止"，无论是茶师还是宾客，都要抱着"一期一会"的态度参与。从审美来看，珠光更发展出了"草屋拴名驹，陋室配名器"的旨趣，在简陋的草庵茶室中摆放名贵茶具，使简与奢实现奇妙的平衡。这几个字，在二战时期还成为日本的国民座右铭，珠光的影响由此可见一斑。

珠光这一系列主张抛弃了贵族所依凭的外在符号，以让大家都成为"下等人"的方式实现了众生平等，这便是茶道中的"侘"。"佛法亦在茶汤中"，小小的一碗茶汤从此与禅相结合，上升为茶道。

如果说珠光是能阿弥的亲传弟子，那武野绍鸥便是珠光的精神弟子。绍鸥踏入茶道可谓机缘巧合。他32岁时，无意间看到了一幅名为《白鹭图》的名画，从画中华丽的内容与素淡的装裱相搭配的美感里顿悟到珠光主张的"草屋拴名驹"的"茶道趣味"，由此开创了属于自己的茶道精神。这一典故在日本茶道史上非常有名，以至于流传出了"不见白鹭之画非茶人"的说法。

绍鸥本人是一位出色的唐物鉴定师以及茶具发明师，尤其在茶具发明上造诣颇深，很多似与茶道无关的

器具，都是在他的妙手点化之后才成为茶道名器的。不过，绍鸥在具有如此慧眼的同时也最不拘泥于形式，仅举一典故为例：日本茶会多需插花相助，一次晚间茶会，天降大雪，于是绍鸥将插花用的水盘中倒满水以映出雪景，并因此认为雪意已足，不需要插花了。

绍鸥的茶道继承并发扬着珠光的"侘"。他认为"侘"不在于茶具的寒酸简陋，而在于制作过程中包含着真心诚意、不求奢华之心，于是客人使用这些茶具时，也能感受到主人的谦逊。这与绍鸥对茶会所需风物的取舍一样，如果茶室外已经开着艳丽的花，那便不需要画蛇添足地再进行插花，这也是一种"侘"。

经过能阿弥、珠光、绍鸥三代茶人，日本茶道已经逐渐成形。这一时期的日本茶道究竟是否已形成流派尚有争议，但依据习惯依然将三人所开创的茶道分别称为"东山流"、"奈良流"和"堺流"。奈良与堺城分别是珠光、绍鸥二人的出生地，而能阿弥无疑是室町时代东山文化的代表人物之一。三人的茶道各有特色而一脉相承，为日本茶道的成熟埋下了伏笔。

利休七哲与三千家的分野

武野绍鸥无疑是成就非凡的茶人，但他最大的成就，则是培养出来了一位更加杰出的弟子——千利休。千利休有多重要呢？他被称为日本茶道的集大成者，一定要比的话，相当于陆羽之于中国茶文化了。

　　从能阿弥到珠光再到绍鸥，日本茶道一直朝"侘"的方向发展着。而千利休则将这种"侘"的旨趣发挥到了极致，凝融成"和敬清寂"四个字。比起前人，千利休极度注重内涵而轻视程序，甚至连能阿弥改良的台子也认为是无用之物，这一离经叛道的主张当然会引起传统茶人的不满，于是一场属于茶人的决斗出现了。

　　千利休生活的时代，彼时茶道中最出名的茶人是"天下三宗匠"，其中就包括千利休与其对手今井宗久。千利休无心于点茶法，而今井宗久的台子点茶法则是天下第一。一日，丰臣秀吉忽然下令让两人比试台子点茶法——在日本战国时代，茶人之间比拼茶艺与武士比武相似，几乎要拼上性命，所以这一次点茶之争也就成了当时茶道界的巅峰对决。

　　今井宗久对台子点茶轻车熟路，自然不惧；而千利休一向不屑于这种"形而下"的茶艺，久疏技法，只好临时去同门处"补习"。到了点茶之日，千利休干脆大刀阔斧地对点茶法进行了删减，行云流水地上演了一套全新的点茶法。丰臣秀臣极为惊讶，而千利休只是满不在乎地说："古流烦琐，故面简略。"

　　这一招剑走偏锋当即令今井宗久陷入慌乱，以至于在点茶时出现了失误，将茶水洒到了茶碗的边缘。于是胜负逆转，反对点茶的千利休在点茶比赛中战胜了以点茶成名的今井宗久，成为当之无愧的天下第一茶人。这之后，千利休得到了丰臣秀臣格外的器重，不仅原先今井宗久的弟子纷

纷改投千利休门下，各路大名为了与丰臣秀臣建立联系，也纷纷跟随千利休学习茶道，于是千利休的茶道就随着他本人的权势而流行全国了。

　　千利休所主张的"和敬清寂"，代表了日本茶道的四谛。"和"不仅是形式上的和谐，更指代情感上的和悦，茶具的好坏不在于其价格高低，而在于客人使用时是否能体会到愉悦。"敬"讲究出于平等本心的尊敬，茶人与客人地位平等，相互尊敬。"清"是借由器物、茶汤的清整达到灵魂的清净，以在茶室中缔造出无垢的世界。"寂"则是茶道的最高境界，代表欠缺、陈旧、寂寥、凝重等种种不完美中所孕育的完美。如果说珠光的"佛法亦在茶汤中"给茶道以灵魂，那千利休总结的"和敬清寂"则是灵魂中的点睛之笔，日本茶道从此臻于完美。

　　福祸相依。丰臣秀吉平定天下后开始了广泛而深刻的社会改革，士农工商的等级制度由此在日本正式形成。在此之前，贵族、武士阶层虽然也有着更高的地位，但作为一种制度却是随着战国三英杰的"天下布武"而形成的。千利休出身于町人阶层，他所拥有的权势及影响力无疑僭越了新秩序；而此时的丰臣秀吉也希望以符合新时代精神——或者说更富等级感的茶道代替千利休那种"众生平等"的茶道，矛盾不可避免地爆发了。

　　故事的结局是千利休被迫切腹，这一自杀方式已经为他保留了最大限度的尊严。随着千利休之死，丰臣秀吉对千利休的另一位弟子——同时也是一位俸禄达3.5万石的大名古田织

部下达了命令："利休之茶为堺城的町人之茶，你乃战国武士，务必将其改为武家风格之茶。"

　　千利休与绍鸥一样出身于堺城町人阶层，他所代表的堺千家自然也沾染上了町人之气。在丰臣秀吉武家审美的强压下，堺千家沉寂下来，这一时期日本茶道中最具影响力的茶人变成了千利休门下的"利休七哲"——虽然依然是千利休门人，但"利休七哲"中没有町人与僧侣，反而几乎都是出身于"士"阶层的大名，他们身上无疑承载着在茶道领域弘扬社会新秩序的任务。主要有小堀远州的"远州流"、一尾伊织的"三斋流"、织田有乐的"有乐流"……

　　与此相对，千利休的茶道则愈加平民化。丰臣秀吉晚年赦免了千利休，堺千家得以重振，但千家后人已下定决心再不服侍权贵，以免染上无妄之灾。千利休之孙千宗旦继续践行着"和敬清寂"的"侘"茶，在他之后，千家一分为三：拥有不审庵的表千家、拥有今日庵的里千家和拥有官休庵的武者小路千家，即三千家。

大名与町人的两个江户时代

日本茶道的旨趣，因丰臣秀吉而出现分野。在天下统一之前，日本茶道经过珠光、绍鸥、千利休等茶人的经营，基本保持着众生平等的精神；而当近世封建制度日渐完善稳定后，茶道也肩负起部分维护等级制度的责任。在这样的时代背景下，日本茶道演化出了大名茶与町人茶，也就是丰臣秀吉口中的武家茶道与町人茶道。

早期大名茶中最出名的要数"远州流"。"远州流"的开创者小堀远州也是大名，但并非行伍出身的武将，而是主管工程建筑的官员。依托于独特的出身背景，小堀远州首先是一名建筑家及造园家，同时又是陶艺家、书法家及歌人，这些不同的身份为他的茶道融入了别致的审美倾向。作为大名，远州同样追求"侘"的意境，认为哪怕只有一杯清水，只要茶人真心诚意，也能使客人满意而归。

小堀远州是德川将军的茶道师范，在他之后，另一位茶人片桐石州接替了这一职位，开创了"石州流"。石州的茶道一方面追求"侘"的极致，另一方面又在具体的程序、礼仪上多加创新，使之适合将军、大名等贵族阶层的审美要求，促进了茶道的贵族化。更为有趣的是，他还对千宗旦颇有意见，认为其茶道并非真正的"侘"，因为千宗旦太注意人为的因素了。石州认为人为的"侘"不是真正的"侘"，

唯有自然的"侘"才是真正的"侘"，这个理论很有些玄妙，一个走"贵族路线"的茶艺大师提出这一观点不能不说有一丝奇妙的反差。

石州门下涌现出了大批优秀茶人，其影响遍及整个日本，但这也导致"石州流"的风格很难统一成一个流派。作为大名茶，"远州流"与"石州流"的点茶法及仪式略显复杂，这背后也暗含着贵族对仪式美的青睐。

相对而言，町人茶则走向了一条"普度众生"的平民路线。出身于町人阶层的茶人们无疑是幸运的——江户时代在固化等级制度的同时也极大地促进了经济发展，町人阶层逐渐夺取了经济上的支配地位，大名、武士们反而在太平盛世中日渐窘迫，开始低三下四地向町人们借钱。经济地位的改变势必在茶道中引发连锁反应，日本茶道再一次走到了历史的转角。

千家的后人们吸取了千利休的教训，开始远离权力中心。后来三千家的子孙虽然还是做了大名的茶头，不过他们只是偶尔去大名的领地，平常还是居住在京都，向町人们传授茶道，保持着相当的独立性。三千家为了保持其地位还创设了家元制度，流派中只有家元宗师才有资格颁发茶道资格证书，这在本质上也是町人内部的等级制度。经过町人们的努力，町人茶终于又能与大名茶分庭抗礼，茶道的历史又一次成为日本时代变迁的一个缩影。

总体来说，江户时代的日本茶道虽然保留着传统的佛法禅意，但已经透露出封建制度下浓浓的等级色彩。细川三斋在其《传心录》中认为，优秀的茶人"是在各尽其职的基础上谈茶论道者"。作为大名，需要管理好政事；作为町人，需要打理好生意，完成了本分，才有资格讨论茶道，这与珠光统一"窝身门"的旨趣已经相隔甚远。

一位名叫松平不昧的石州流茶人甚至在此基础上写出《赘言》一书，将茶道与修身、齐家、治国、平天下的儒家思想相结合，这几乎可以说是当时"时代精神"的具体缩影——事实上三千家的家元制度，也正是这一等级观念在町人阶层中的体现。

大名茶与町人茶各自的茶道体系最终在江户时代实现了规范化，古典时代的茶道流派格局也基本定型，社会的稳定带来了茶道的稳定。庆应年间（1865—1868），江户时代随着德川幕府垮台而结束，日本由此被卷入了一个更为广阔的时代。在此之后，虽然也有新的茶道流派出现，但基本没有摆脱大名茶与町人茶的格局。或浓或淡的茶汤里，已经浸透了江户时代两百余年的盛世光阴，成为品茗者最留恋的迷途。

三千家系谱图

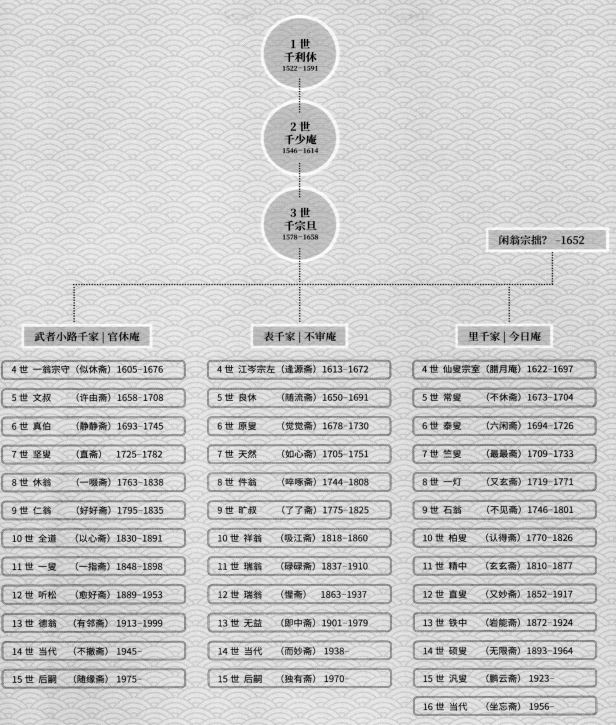

1 世
千利休
1522—1591

2 世
千少庵
1546—1614

3 世
千宗旦
1578—1658

闲翁宗拙? −1652

武者小路千家	官休庵	表千家	不审庵	里千家	今日庵
4 世 一翁宗守（似休斋）1605—1676	4 世 江岑宗左（逢源斋）1613—1672	4 世 仙叟宗室（腊月庵）1622—1697
5 世 文叔　　（许由斋）1658—1708	5 世 良休　　（随流斋）1650—1691	5 世 常叟　　（不休斋）1673—1704
6 世 真伯　　（静静斋）1693—1745	6 世 原叟　　（觉觉斋）1678—1730	6 世 泰叟　　（六闲斋）1694—1726
7 世 坚叟　　（直斋）　1725—1782	7 世 天然　　（如心斋）1705—1751	7 世 竺叟　　（最最斋）1709—1733
8 世 休翁　　（一啜斋）1763—1838	8 世 件翁　　（啐啄斋）1744—1808	8 世 一灯　　（又玄斋）1719—1771
9 世 仁翁　　（好好斋）1795—1835	9 世 旷叔　　（了了斋）1775—1825	9 世 石翁　　（不见斋）1746—1801
10 世 全道　　（以心斋）1830—1891	10 世 祥翁　　（吸江斋）1818—1860	10 世 柏叟　　（认得斋）1770—1826
11 世 一叟　　（一指斋）1848—1898	11 世 瑞翁　　（碌碌斋）1837—1910	11 世 精中　　（玄玄斋）1810—1877
12 世 听松　　（愈好斋）1889—1953	12 世 瑞翁　　（惺斋）　1863—1937	12 世 直叟　　（又妙斋）1852—1917
13 世 德翁　　（有邻斋）1913—1999	13 世 无益　　（即中斋）1901—1979	13 世 铁中　　（岩能斋）1872—1924
14 世 当代　　（不撤斋）1945—	14 世 当代　　（而妙斋）1938—	14 世 硕叟　　（无限斋）1893—1964
15 世 后嗣　　（随缘斋）1975—	15 世 后嗣　　（独有斋）1970—	15 世 汎叟　　（鹏云斋）1923—
		16 世 当代　　（坐忘斋）1956—

侘寂茶圣千利休

侘び茶の聖 千利休

id="1"

◎ Syuu、葛蓓蓓、五岛美术馆／文
◎ 五岛美术馆／供图
◎ meiki ／翻译
◎ 黄莉／编辑

千利休（1522—1591），法名宗易，号抛筌斋，生于大永二年（1522），是日本战国到安土桃山时代著名的茶人。他被认为是侘茶的完成者、日本茶道的集大成者，也因其巨大的成就和影响力而被人们尊称为"茶圣"，也曾与今井宗久、津田宗及并称茶道的"天下三宗匠"。现存的唯一一座可以确信由利休建造的茶室"待庵"，诞生于本能寺之变爆发的1582年，如今更成为日本国宝级的文化遗产。

利休原名田中与四郎，出生在和泉国堺市（今大阪）一个商户的家里。他的父亲叫田中与兵卫，家业属于纳屋众，即如今的仓储业（有一说他家从事渔业，为海鲜批发商，但无处考据）。这样的豪商在当时还兼有一部分政治权利，算是堺市范围内自治体系的一员。而他的祖父田中千阿弥，是为室町幕府的第八代将军足利义政侍奉茶事的僧人。茶会作为当时重要的交际手段，尤为商人所重视。在家庭的鼓励和熏陶之下，千利休也确实早早地接触到茶道，并在幼时就对茶道产生了兴趣。

要说千利休的茶道之路，就避不开侘茶上的先师村田珠光和武野绍鸥。事实上，在千利休之前，日本的茶只被称为"茶汤"，主流的茶事多有仿效中国之意。后虽发展

出了不同的流派，但缺乏成体系的本土的特色和内核。随着禅宗在日本的逐步兴盛，茶人们将其与茶汤相互融汇，渐渐找到富含日本独特审美与精神的茶之道，即"侘茶"。"侘茶"这个称呼及其如今通行的含义，最早见于江户时代中期的《南方录》。茶道上的"侘"在利休的时代已有记载，其弟子所著的《山上宗二记》里也有"侘数寄"的用语，但这与今日所说的"侘茶"并不相同。日本中世的"数寄"是指"沉迷精研某道某物"的行为。"侘"也并非如今的"风雅闲寂"，而是更重于"简朴无华、不完全"的意思。所以"侘数寄"指的是那些"不喜、不持名物的茶人"。这与当时的社会背景不无关系。室町时代后期，随着饮茶在平民间的流行，喜好奢华、意图彰显身份的公家和武士，在茶会中越发爱用产自中国的特烧茶具，并将这些昂贵的名品称为"唐物"。而村田珠光一反这种奢侈的风潮，选用普通的粗制陶瓷器。在他看来，特烧的名物并不能体现茶道的精神，执着于这些器具更是荒唐的。自珠光起，侘茶的精神开始逐渐显现。武野绍鸥继承了这种理念，并加以发扬。千利休17岁那年，先拜北道向陈为师学习书院茶，次年转入武野绍鸥门下学习草庵茶，从技艺到精神，将尚未成形的侘茶进一步延续。他秉承先人珠光的理念，将茶道的精神发展为"和、敬、清、寂"

千利休像 天正十一年（1583）古溪宗陈题

四字。和、敬，即主客相互尊敬，融洽和谐，在整个茶事过程中构成一体；清，既指通过侘茶使心绪清静淡泊，也指奉茶人要保持心境清朗；寂，指茶道中闲寂枯淡的美学意识，通过茶事、露地（茶室庭园）、茶具等多方面表现。这就是茶道"四规七则"中的"四规"，而"七则"则是修习茶道时应有的七条规则：点茶应恰到可以品味之处，置炭应恰到可以沸水之度，插花应如在野之姿，茶室应冬暖夏凉，在时限之前留出余地，凡事未雨绸缪，以心待客（茶は服のよきように点て、炭は湯の沸くように置き、夏は涼しく冬暖かく、花は野にあるように入れ、刻限は早めに、降らずとも傘の用意、相客に心せよ）。这七条规则传至今天已有许多不同的翻译，但大抵都离不开一个意思：心即是眼，要能用心看到事物的本质，重视自然与季节感，尊重生命，留有余裕，心怀温柔而相互尊敬。利休的茶道理念在"四规七

则"中已然可见。曾有弟子向他求教茶道的精髓，利休答以茶道七则。弟子不解道："师父，这些我都已经知道了。"千利休却十分淡然："如果你能把这些都做到十分，那我就能做你的弟子了。"在他看来，要将这些理所当然的细节做好，反而是最考验茶人境界的，也是最难的事。这也是侘茶的魅力所在。

值得一提的是，千利休在武野门下修习的同时，也在南宗寺参禅，还与京都的大德寺交往亲密。他的法名"宗易"就得于这一时期。侘茶从诞生最初就受禅宗的影响颇深，可以说，这段学习对他日后完成侘茶一道有着极大助益。

利休自16岁入茶道，在承袭先人的茶道之路上走了大半生，事实上侘茶的完成期甚至只有他人生终末的不到十年的时间，他的茶道在他人生的后半程终于打磨凝练，散发光辉。利休在23岁那一年举办了自己人生中的首次茶会。那段时期，他与今井宗久、三好实

休等当时著名的茶人往来学习，相互招请，以茶会友，以道相习，茶会上装饰的也多是水墨画作或墨迹，简朴淡雅之意已然隐现。在这期间，利休的名望渐起，在大名间也获得了越来越高的关注度。

1571年，50岁的利休第一次在织田信长席前点茶。彼时织田信长刚刚用武力将这座商贸繁荣的城市征为辖地没几年，他注意到了茶道在交际与统治上的作用，也重视这些有名望的茶人。1575年，信长将津田宗及、今井宗久和千利休共同任命为自己的专属茶头，负责为自己举办茶会、侍奉茶事，也期望他们为自己收集精美昂贵的茶具。就在一切形势正好，利休在信长幕下名望渐长的时候，1582年，爆发了本能寺之变。明智光秀起兵谋反，织田信长抱憾而死，利休也在这时遇到了在他人生最后十年里画下浓墨重彩的人——丰臣秀吉。

其实秀吉早已注意到了信长的这位专属茶头，他在利休身上看到了茶道在政治统治上的重要性，在信长死后先一步与利休交好，将其拉拢至自己麾下。天正十一年（1583），利休在秀吉举办的茶会上大放异彩，秀吉十分欣赏他的表现，并在之后将利休任命为自己的专属茶头。自此，利休在秀吉的手下逐渐展现出茶道和政治的双重影响力，并成为秀吉幕下一个极大的助力。在秀吉与德川家康的正式和谈之前，利休曾为他举办过一次茶会。秀吉对家康以茶相邀，一方面在一个相对闲适的氛围下为和谈铺垫，另一方面，秀吉也想借茶会和主

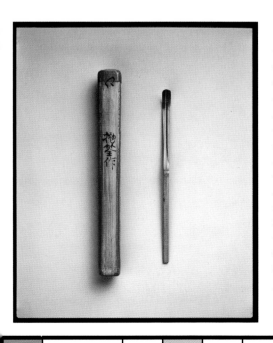

千利休作品里张茶勺 筒 小堀远州题
竹制
桃山时代 16 世纪
长 17.3 厘米 筒长 20.4 厘米
五岛美术馆收藏并提供
千利休所制茶勺自古以来皆为名品，被后世称作千家的名物之一。里张的命名，是因这个茶筒的制作手法并不是以往取整段竹节直接打磨加工的这种一次成型的手法，而是用竹条拼接组合确定了茶筒形状之后，再次在竹条框架外侧贴上竹片而制成，整体工艺十分复杂且精妙。筒书"抛筌作"中的"抛筌"是利休的别号，这三个题字则来自江户时代的著名茶人小堀远州

持茶会的利休向家康展示自己的实力——利休作为信长曾经的专属茶头如今已经为自己效力了。

在这个看似良好的开端之下，利休与秀吉的关系越发密切。利休不再单纯是秀吉的茶头，他的地位和职责甚至已经近似于秀吉统治上的幕僚。尽管如此，利休仍然十分重视自己的茶道。他在秀吉麾下，或自发或奉命，开设茶室，成为茶坊主，无形中将自己的茶道理念扩散开去。这时，他广为人知的名字还是他的法号"宗易"。

天正十三年（1585），利休随秀吉参与正亲町天皇的茶会，在献茶之后，天皇赐他一号"利休"，意为"名利皆休"。赐号也意味着赐予利休居士身份（在家修行的修佛者），平民出身的自此便可出入宫中，觐见天皇。

利休的身份地位、世俗名望和茶道成就都在这期间飞速发展，逐渐接近辉煌的巅峰。他将珠光和绍鸥的思想进一步推进，将茶道中"侘寂"的范围从单纯的茶具扩大到了茶室的构造与装饰、点茶的技法，甚至茶会整体的氛围等。他摒弃当时流行的唐物，在茶会上多选取日常生活中常见的器具，如盐壶、陶碗，即便使用舶来品也是大量粗制的普通器皿，如吕宋壶、高丽茶碗等。这些茶具往往简朴无华，在上流阶级眼中不过是粗末之物，但利休却认为，这些剥去浮华外表后的平凡器具，正是茶道的本质所在。他还任命了专职的手艺人，积极地投入设计制造新茶具。其中最著名的当属乐长次郎创作的"乐茶碗"。乐茶碗在制造中并不使用精密的辘轳台

（制作陶器所用的旋转盘），而是直接用手拉坯塑形，再用竹片或刮刀削去多余的部分。仅仅两道手工工序，就使茶碗的外形更加质朴自然。利休尤其偏好黑色的乐茶碗，黑色沉静、纯粹、不张扬，且具有包容性，古朴的气质也更符合他的茶道精神。除了茶碗，利休的另一件富含典型"侘寂"理念的器具，就是竹制花瓶。一般的竹制花瓶分一重切（单口）、二重切（双口）等，以竹节为主体，按开口方式不同各有命名。相传，天正十八年（1590），秀吉的军队滞留小田原时，利休以韮山之竹为材料，创造了二重切的花瓶。瓶分两层，上层灌水、下层插花，兼具实用性与美感。更有名的，是利休所做的一个刻有"圆城寺"铭文的一重切竹花瓶。之所以刻这个铭文，是因为瓶身正面有一道窄窄的裂隙，正与圆城寺那有裂纹的钓钟相合。他曾在一次茶会中将这个花瓶置于席上，有客人注意到漏出的水濡湿了座席，便向利休询问缘由，利休答道："这个花瓶的漏水之处，正是它的生命所在。"这种质朴的自然之意，也是利休自始至终的追求之一。

在茶室设计上，利休主张达到"减无可减"（これ以上何も削れない）的境界，完全舍弃一切奢华和非必要的物品，将侘茶的精神贯彻到极致。归根结底，比起用具，利休更注重茶道中精神上的专注与充实。在他看来，茶道不过是主客对坐、烧水点茶而已。他的茶室往往仅有二三叠大小，入口极其低窄，只有六七十厘米见方，使得来客必须躬身进去，若有武士到访，还须解下佩刀

方能进入。在利休看来，从明亮的外界进入一个昏暗的入口时，就仿佛面对着宇宙的入口，不论身份、地位、财富，来者是客，众生平等。且通过狭小的入口之后，来客面对不大的茶室也会有豁然之感。这小小的空间就是一个独立的宇宙，从弯下身子的那一刻起，就只有饮茶者和茶人，在这里全身心地浸没于禅茶之间。除了这个独特的设计，利休的茶室还一反常用的单侧采光的屏风设计，往往根据茶室的墙围来决定开几扇细格窗以满足最低限度的采光需求。这样枯淡闲寂的风格一直扩展到了露地。利休同样重视茶室外的走道，他认为，当客人踏入庭园时，对于茶道审美和享受的"一期一会"就已经开始了。曾有逸闻，利休让弟子打扫露地上堆积的落叶，但弟子清扫干净后，利休却又摇了摇一旁的枝丫，一时落叶纷纷。弟子不解，利休解释道："你打扫得太干净了，这个时节，小道上该有落叶才是自然的趋势。"他将茶道拓展为一种综合的艺术，建筑、陶器、书画、茶艺、环境、哲思等，无一不在表现他的美学意识。

利休就在这样的一点一滴、一草一木中不断践行自己的侘茶理念，并且迎来了自己人生最光华璀璨的一年。

1587 年，利休在秀吉的聚乐第建造了九间书院和一间只有一叠半大小（约 2.4 平方米）的茶室，将他的茶道理念和美学发挥到了极致。同年 10 月，丰臣秀吉为庆祝平定九州，确立了事实上的统一，也为了展示和炫耀自己的尊贵与权力，在北野天满宫举办了日本有史以来最盛大的茶会——著名的"北野

大茶汤"。而千利休，被任命为这次茶会的总主管。茶会当天，不仅展示了秀吉珍藏的全部茶具，还在会场设置了 800 余个茶席，吸引了超过 1 000 名茶众的参与。饮茶者不仅有公家武士，更多的是百姓平民。在这场堪称辉煌的茶会之前，利休向天下放言：来吧，只要带一个碗就好。曾经由贵族专享的茶会如今广纳万民，利休那众生平等的理念和侘茶精神得到了最彻底的实现。从此，他名声大震，"天下第一茶先生"的美誉和他的侘茶名扬天下。

这或许可以说是利休茶道生涯的巅峰，也是他与丰臣秀吉最后的"蜜月期"。好景不长，仅仅是在四年后，他就被秀吉命令切腹，死于聚乐第的茶室内，享年 70 岁。

利休的一生中，成就和悲剧都有秀吉的影子。两人关系亲密时，也不乏佳话。《茶话指月集》记载，利休的茶室庭园中有一片漂亮的牵牛花，秀吉十分喜欢，向利休表示自己想前去赏花品茶。利休答应了，却在秀吉来之前将那一片牵牛花全部铲掉。秀吉面对空荡荡的庭园颇为惊怒，却在进入茶室之后猝不及防地看见一朵鲜艳的牵牛花正开在瓶中，那种空山月出一般的美让他惊艳不已，也终于明白利休这种为留一朵毁一片的做法。利休坚持了自己的美学与茶道理念，秀吉也对此予以认可，结局皆大欢喜。而秀吉对利休的重视程度远不止于此。他的弟弟丰臣秀长甚至对来访的大友宗麟表示过：公事找我，内事找利休。可以想见利休在秀吉手下是何等的地位。但秀吉对利休的重用起于茶事却未终于茶事，应该说，从一开始这二人的理念和目的就已经背道而驰。秀吉，包括信长在内，最初着眼于利休，是希望将茶道垄断，使那些精美奢华的茶具和茶会成为一种奖励的手段，以维护统治。这显然与利休的精神相悖。从秀吉打造的黄金茶室也可以看出，他本人的审美与利休的侘茶之道丝毫不符。加之利休曾在人前对他多有批评，矛盾日积月累，终于爆发。

利休豁然赴死，留下遗偈："人生七十，末路一喝，祖师与我皆由这慧剑解脱，如今我手提太刀，心无挂碍向天抛。"

后世曾有人感喟，利休的遗憾在于他作为茶人却过于靠近政治。事实是否如此尚且难以评判，但利休的一生却可以当得一声"大成"。作为侘茶的完成者，他创造了许多有形或无形的茶道文化并流传至今。他身后弟子众多，不仅有利休七哲，更有今日茶道中武者小路千家、表千家、里千家的"三千家"之分流。无论是哪一流派的茶席前，都不乏自利休起延绵了半世纪的闲寂枯淡的风雅之意。

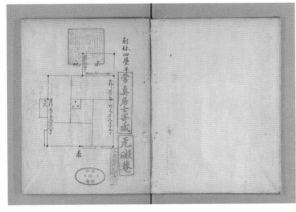

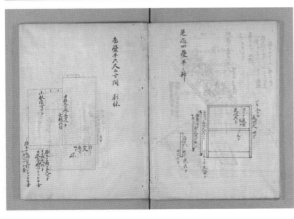

1
——
2

1、2《茶室营造之诸规》中对利休所做茶室的介绍
日本国立国会图书馆收藏并提供

点前には弱みをすててただ強く されど風俗いやしきを去れ

《利休百首》

译文：

点茶忌阴柔，忌生硬，中庸为上品。

注解：

这句话是利休对点茶技巧的总结，强调点茶时要丢掉阴柔，否则会使整个过程失去庄重感与紧张感，与此同时也不能过度生硬，生硬会使整个动作缺乏流畅性与美感。只有掌握中庸之道，心情上平缓放松，动作上紧张有力，才能使点茶的动作张弛有度，柔美流畅。这种中庸之道一直贯穿于利休茶道精神的始终，不仅体现在点茶上，还体现在其他方面，例如，利休还主张在取放茶具时，重物要轻拿，轻物宜重拿。

稽古とは一より習ひ十を知り十 よりかへるもとのその一

《利休百首》

译文：

学习，是要从一到十循序渐进地学，学到十后再返回一重新学。

注解：

修行如修身，在茶道的实践中，无论是点前（茶道仪轨）、坐禅，抑或是简单的帛纱的折法，任何动作只有通过不断练习，才能运用自如。利休在这里告诫我们的是，学习是个循环往复的过程，只有在一遍又一遍的反复练习中，我们才能熟能生巧，才能反思自己，得到新的心得和感悟，从而进一步领悟所学的真谛。

上手にはすきと器用と功積むと　この三つそろふ人ぞ能くしる

《利休百首》

译文：

兴趣，灵巧，努力，具此三项者可为人上人。

注解：

首先，兴趣是最好的老师，想要成功必须有兴趣的引导。其次，关于灵巧，这并不是人人都具备的条件，可以说是一种与生俱来的天赋。最后也是最重要的，就是努力，如果你只具备了前两项，却没有最后的努力，你也很难收获成功，因为茶道的实践注重练习，只有你不断尝试，不断反思，动作才会越来越流畅，近乎完美。因此，只有这三项条件都具备者，才能在事业上有所成就。不仅限于茶道，这个道理还适用于大多数的工作领域。

何にても　置き付けかへる　手離れ は恋しき人に　わかるると知れ

《利休百首》

译文：

手离茶器时，恋人惜别情。

注解：

在日本剑道中，有一个词叫做『残心』，这是一种打击意识的延续，即在进攻打击动作完成后，不可放松姿势及斗志，应有随时回应对方反击的心理准备及架势、气力。在日本茶道中，也有与此相通的『残心』一说，茶道中的『残心』，是指手在离开茶器之时，不要马上放下，而是要保持类似和爱人分离时那种依依不舍的心情，小心缓慢地轻轻放下茶器，如此才能显现出茶道中的无穷余韵。

利休语录

その道に入らむと思ふ心こそ　我が身ながらの師匠なりけれ

《利休百首》

译文：
入道之初心，吾之本师也。

注解：
这首歌是《利休百首》整部和歌集的开篇之作，诠释了修习茶道最重要的前提，就是要有一个心理上的觉悟。当一个人自然产生学习的决心时，心中就会燃起力量，这种力量如心灵导师一般，指引着我们不畏困难一路前行。这首和歌不仅仅是利休对茶道真谛的解读，也是对所有求知者的一种教诲。

習ひつつ見てこそ習へ習わずに　善し悪し言ふは愚なりけり

《利休百首》

译文：
孜孜学习细细体会，不习而评是为愚者。

注解：
现实中会有这样一些人，他们虽然对自己评论的对象一知半解甚至一无所知，却仍然先入为主地高谈阔论。利休通过这首和歌告诫我们一定要杜绝这种行为，学习是要用心去细细体会的，在充分了解一种事物前，绝不能轻率地去批评别人，因为这样不仅会凸显自己的无知，还不利于获得新的知识。

志深き人には幾たびも憐れみ深く奥ぞ教ふる

《利休百首》

译文：
勤勉志坚者，定会遇良师。

注解：
利休通过这首和歌告诫自己的门人，就像千里马终遇伯乐一样，只要你一直胸怀大志，勤奋好学，成为一个优秀的人，总有一天你会遇见一位亲切的老师，欣赏你的才华，并倾尽全力传授给你知识。

恥を捨て人に物問ひ習ふべし是ぞ上手の基なりける

《利休百首》

译文：
不耻下问的学习精神，才是成长的基石。

注解：
这首和歌与《论语》的『知之为知之，不知为不知，是知也』有着异曲同工之处，旨在告诫大家不耻下问才会有所得，不懂装懂只会原地踏步。

茶の湯には梅寒菊に黄葉み落ち青竹枯木あかつきの霜

《利休百首》

译文：
梅菊伴落叶，青竹伴枯木，朝气伴寒霜。

注解：
这首和歌意为在做茶事之时，梅花寒菊盛放之阴，青竹鲜嫩之阳伴随着枯木萧萧之阴，清晨的阳气生发伴随着白霜的至寒至阴，千利休借阴阳调和之景说明了茶道中所蕴含的阴阳平衡思想。

家は洩らぬほど、食事は飢えぬほどにて足ることなり

《南方录》

译文：
家以不漏雨，饭以不饿肚为足。

注解：
这句话是利休在《南方录》中对茶道的精神世界的一种解读。他提倡，无论是茶道还是生活，都应摆脱物质因素的束缚，显出『本来无一物』的境界，追求豪华住宅、美味珍馐乃是俗世之举。利休这种对古朴简约的向往，也使得他在后期与崇尚奢华的秀吉在艺术追求上的分歧越来越大。

規矩作法守り尽くして破るとも離るるとても本を忘るな

《利休百首》

译文：
规则须严守，虽有破有离，但不可忘本。

注解：
按部就班『守』规矩，随机应变『破』规矩，行云流水『离』规矩，是习茶者习茶的三个阶段。利休在这里教导我们，规则是需要严守的，但也需要根据眼前的实际情况来随机应变，寻找最合适的方案。但是，不管是『破』规矩，还是『离』规矩，都需要守本，不能忘本，这是修习的基本原则。

夏はいかにも涼しいように、冬はいかにも暖かなように、茶は呑みやすいように。炭加減は湯の沸きれにて秘事はすべてです

《南方录》

译文：
夏天如何使茶室凉爽，冬天如何使茶室温暖，炭要放得适当，利于烧水，茶要点得可口，这就是茶道的秘诀。

注解：
与当时争相追求名贵茶道具的世风相反，利休常把日常生活用具作为茶具，他的小茶庵，多是三五主客促膝而坐，以心传心，心相印。利休的这种至简之道使得茶道的精神世界最大限度地摆脱了物质因素的束缚，回归到最初的淡泊自然。简单来说，行茶道，不用担心建不起房子，买不起茶碗，这使得茶道被大众接受，更容易推广普及。而当茶去除所有外在的形式，物质的束缚以后，我们就会开始探索本心的过程。

茶の湯をば心に染めて眼にかけず　耳をひそめてきくこともなし

《利休百首》

译文：
茶道传于心，不靠耳目效。

注解：
千利休通过这首和歌道出了茶道修习的一大特征，即提倡『以心传心』。茶道的根本在于如何为客人点一碗满意的茶，想要做到这点，则需要的是亭主与客人之间的心意相通，这种『心』是靠长时间的实践经验修炼的，而不是单纯地依靠视听效仿。

習ひをばちりあくたぞと思へかし　書物は反古腰張にせよ

《利休百首》

译文：
学习，笔记如废纸，要铭于心间。

注解：
这首和歌说的是关于茶道笔记的问题，与上一首有着相通之处，即修习茶道是要用『心』去感悟的。茶道的学习过程中不能做笔记，不能拍照，不能录像，这点作为茶道的传承规范一直被人们秉持至今。只有抓住每个点茶动作背后的原因及规律，铭记于心，才能融会贯通，逐渐掌握茶道的精髓。

茶はさびて心はあつくもてなせよ　道具はいつも有合せにせよ

《利休百首》

译文：
茶道重要的是以真诚之心待客，至于道具，从现有物品中挑选合适的即可。

注解：
在这首和歌中，千利休诠释了茶道的待客之道。即应提倡节俭，不应一味追求奢华，道具只是传达心情的工具。待客最重要的是真诚之心，要用发自内心的诚意和礼仪去打动客人，而不是昂贵的器具。

禅茶一味：日本茶道中的佛法禅意

禅茶一味：日本茶道における仏法と禅

◎ 江隐龙、五岛美术馆／文
◎ 五岛美术馆、大都会艺术
博物馆／供图
◎ meiki／翻译
◎ 黄莉／编辑

提及日本茶道，往往离不开禅宗。不用说『茶禅一味』的茶道精神，『一期一会』的茶道之礼或是依然为日本僧人所津津乐道的那一段禅宗公案『吃茶去』，只需置身于朴素的茶室，看着已然黯淡的日光透过笔墨窗打在壁龛前的挂轴上，便已经能品味到深深的禅宗美学。

对日本人来说，茶与禅都是舶来之物，而且茶早在平安时代早期就随着最澄、空海等遣唐僧的引入而一度在日本流行。不过这一阵风潮很快湮没，昙花一现，唐茶很快成了史前般的古老记号。当时的日本还没有禅宗；茶的第一次引入在日本拂过了『佛喜』，却没有迎来『禅悦』。

茶道的内核便是禅，然而直到茶二度降临日本时，才与禅有了天然的联系，因为这一次茶叶的传入者本身就是一位禅僧：荣西。

茶随禅入：佛法亦在茶汤中

平安时代末期，荣西两度入宋寻禅法。当时的中国处于南宋时期，茶宴文化鼎盛且与佛教文化紧密相连。素有"和尚家风"之称，深受南宋文化熏陶的荣西自然也对茶产生了浓厚兴趣。荣西归国后，除了开创日本禅宗之外，还带回了大量茶种及南宋的饮茶礼仪，从此饮茶、斗茶之风便渐渐在日本的禅院、武士阶层中流传开来。

虽然荣西身兼日本禅宗创始人与日本"茶祖"双重身份，但在他手中，禅与茶尚未真正融合在一起。正如荣西在其《吃茶养生记》一书中所说："茶也，末代养生之仙药，人伦延龄之妙术。山谷生之，其地神灵也。人伦采之，其人长命也。"茶叶在当时的日本禅僧眼中更多的是养生仙药而非修禅依

凭，荣西的弟子高辨提出的"饮茶十德"也以"睡眠自除、五脏调利、无病息灾"等养生之道为主，与禅并没有直接的关系。

非但如此，无论是武士阶层中流行的"斗茶"还是平民阶层中流行的"云脚茶""汗淋茶"，都充斥着杂乱之气。但同时茶的本土化过程渐渐开始，并最终在能阿弥手中演化成日式的书院茶和台子点茶。此时的茶，一端牵连着禅僧们的暮鼓晨钟与心念口诵，一端又承载着俗世的火花风月与贝阙珠宫，在临近茶道的岁月里勾勒出一幅室町时代的盛世光景。

但真正将茶与禅融合到一起的，是号称日本茶道"开山之祖"的村田珠光。珠光也是一名僧人，曾跟随日

本书院茶室的创始人能阿弥学习茶技，更准确地说，是唐物鉴别法。在这之后，珠光又跟随大德寺名僧一休和尚参禅。这个一休和尚，正是日本动画《聪明的一休》中那个一休小和尚的原型。

名师出高徒，在能阿弥与一休的教诲下，珠光大彻大悟，提出了"佛法亦在茶汤中"这一理念。在珠光眼中，佛法虽然艰深，却又蕴藏于日常生活中。有客来访，主人奉茶，一饮一啄间自然有佛法存在。佛与凡夫均生活在世间，无非佛是觉者，凡夫是迷者。珠光将佛法融入了淡淡的茶汤之中，可谓深得禅宗"不立文字、见性成佛"的旨趣了。

日本茶道，也同样开始于"佛法亦在茶汤中"这句话。顿悟之后，珠光修建了一间草庵茶室，并将一休授予他的

《印可状》——圆悟禅师的墨迹挂在四叠半客厅的壁龛上，一心修禅点茶。在珠光的影响下，饮茶之风一扫数百年来的喧嚣，茶与禅终于在这风格朴素的数寄屋中融为了一体。

如果说村田珠光的茶道是茶与禅的初次相会，那武野绍鸥则进一步加深了茶道的禅境。

绍鸥也是一位禅师，而且他接触茶道这一事件本身就充满了禅宗意味：唐朝有一幅《白鹭图》流传于日本，曾为珠光所得。这一画作色彩亮丽，然而珠光却偏偏配以极为素雅的装裱，绍鸥看过之后，顿时感受到了"草屋拴名驹，陋室配名器"的茶道旨趣，由此渐渐修炼成茶汤名人。这一典故影响极大，以至于有了"不见白鹭之画非茶人"之说；而经过这一段公案，

绍鸥也可以被看作珠光的继承人了。

在绍鸥眼中，茶与禅是浑然一体的，而非两种事物。另一位禅师大林宗套曾为绍鸥的茶道写过一首佛偈，其中有"料知茶味同禅味"一句，其中的意境，倒是比珠光的"佛法亦在茶汤中"更浑然天成了。禅在茶中，还有些"身是菩提树，心如明镜台"之感；禅茶一味，那便是"本来无一物，何处惹尘埃"，这其中的细微差别，正是茶与禅的妙处。

至绍鸥的弟子千利休手中，日本的茶道正式形成。千利休之于日本茶道，正如陆羽之于中国茶文化；而千利休最大的贡献，便在于他浓缩出来的茶道四谛：和、敬、清、寂。

和、敬、清、寂的内蕴非三言两语能述明，大体而论，"和"是人与人、

人与自然的和谐，"敬"是彼此之间的尊敬，"清"指身心的洗涤，而"寂"则是茶道美学的最高境界。千利休极端轻视点茶法，认为茶道只是修行的手段，其目的在于有所了悟。千利休后来成为"天下第一茶人"，很多大名、武士在出征前都要饮用千利休的茶汤，以此来感受禅宗"生死一如"的思想，再抱着必死之心出战。借由千利休在现世的影响力，茶道成为勾连日本人迷与觉、死与生的一把钥匙，这背后正是禅宗的旨趣。

经过荣西禅僧的跨洋过海，再经过珠光、绍鸥、千利休三代茶人的苦心经营，南宋茶事的华丽逐渐褪去，一种严肃而萧瑟的新茶道孕育出来。从这个层面来看，日本茶道即茶与禅的融合。

禅茶一味：和、敬、清、寂

在敏感细腻的日本人手中，茶道的流程的确变得蔚为大观，举行一次茶会，加上前礼，后礼以及准备合适的挂轴、插花、选择怀石料理及茶具等往往要花费数日。不过正如复杂的社会关系不能消弭人的本心一样，茶道的本心也是向禅的。

记载千利休言行的茶道经典《南方录》卷首有这样一段话，小草庵的茶汤，主要以佛法修行得道为基础。追求豪宅美味乃俗世之举。屋能遮雨，食能解饥，足矣，此乃佛之教训，茶汤之本意也。汲水、取柴、烧水、点茶、供佛、施人、亦自饮；立花、焚香，此等举动皆为践行佛祖之举也。

禅宗讲究"不立文字，教外别传，直指人心，见性成佛"，了悟不仅在于"苦修"，也同样在于"作务"，也就是砍柴、烧水、做饭、煮茶等日常劳作。佛法本在世间，千利休的"在家禅"看似世俗，却更得禅宗的精髓。

寂庵宗泽《禅茶录》如是说："茶意は即ち禅意也。故に禅意をおきてほかに茶意なく、禅味を知らざれば茶味も知らざれず。"这一句的内蕴难以言传，或可大致译为："茶意即禅意，无禅则无茶，离禅则离茶。"而禅茶一味，其灵魂又在于和、敬、清、寂四字。

"和"首先是人与人和睦，但又远远不止于此，"和"更是人与自然的和谐共生。日本茶室、茶庭及茶具

尽量凸显自然本色而少人工打磨的痕迹，甚至茶人所做的立花也要亲自到原野中采摘。

当然，"和"不仅仅流于这些程序性的"作务"，更关于茶道之魂：在一个下雪天召开的茶会上，绍鸥在插花盘中倒满了水以映照出雪景，并认为如此便不需要刻意插花了。在日本电影《寻访千利休》中，同样有千利休在茶具中盛水以倒映月光之举，这盘中的乾坤日月，正是茶道中的"和"。

"敬"指人与人之间的互相尊敬，这背后代表的是众生平等。在传统社会中，等级差异体现于世间的每个角落，却能在一方小小的茶室中收束，这也是茶道的伟大与不凡。

珠光对茶室的改造是"敬"的最好体现。在珠光之前，茶室蹲口分为"贵人门"与"窝身门"，前者用于贵族出入，较为宽敞；后者供"下人"们出入，需要膝行而入。珠光取消了这一区别，让大家都从"窝身门"进出，与此相似的还有"下腹雪隐"（厕所）和"蹲踞"（洗手池），曾经都是"下人"专用。珠光通过让所有人成为"下人"的方式实现众生平等，从而促进人与人之间、人与自然之间的"敬"。

"清"首先指环境的清洁，更进一步指茶会主客间灵魂的清静。《南方录》曾说："茶道的目的就是要在茅舍茶室中实现清净无垢的净土，创造

出一个理想的社会。"依据于此，茶室多修建于幽静的山郊之中，纵然立于闹市，也需要茶人以"心远地自偏"的心性去营造一份清幽简素的"野趣"。

茶庭外以篱笆为屏障，矮小而通透的篱笆自有千沟万壑，以将墙外喧嚣的俗世隔绝开。而当客人踏入茶庭，那一刻恰如走入神社时看到注连绳一样，自然能感受到千利休所言"茶室是都市中的山居"的旨趣。

"寂"是日本茶道中的最高境界。"寂"的意境极难解释，它有涅槃、寂灭之意，但又显得更为苍凉凝重。"寂"带有贫困、残缺、光阴流逝的色彩，由此又要求茶人"不以物喜，不以己悲"，以不动的禅心应对大千世界。

在这样的茶道理念下，茶人自有一种简朴内敛、不畏权势的风骨，他们不会正眼于丰臣秀吉的"黄金茶室"，甚至不会拘泥于茶道权威，而会以谦逊平和、待人以诚的精神作为通向"寂"的路径。珠光在追求奢华的安土桃山时代力主"草庵茶风"，而千利休以剖腹自尽了却一生，利休之孙千宗旦不以"乞食宗旦"的称呼为耻，应当是茶人在通向"寂"这条路上最惊艳的一抹绝笔了……

1 | 2

1 柴田是真（1807 — 1891）所绘制的《茶器图》，大都会艺术博物馆收藏并提供

2 信乐一重口水指 铭"若绿"

陶器

桃山时代 16 世纪末期– 17 世纪初期

高 16.5 厘米　口径 16.3~17.5 厘米　内径 17.8 厘米　底径 16.8~17.2 厘米

五岛美术馆收藏并提供

信乐烧是从室町时代末期侘茶流行开始，茶人们推崇风靡的和物茶陶的代表。在信乐烧中，有被称为"鬼桶"的水指，在制作过程中，会在陶泥中加入苎麻制的线。这种水指，因深受武野绍鸥的喜爱，而又被称作"绍鸥信乐"。信乐一重口水指从底部到口部通体垂直，与普通开口较大的绍鸥信乐水指稍显不同。在水指底部，留有被陶艺制板上的轴承固定过的痕迹和小的孔洞。茶褐色的胎底配上在炉中烧制而出的暗黄绿色釉身让人觉得清新典雅

一期一会：无一物中无尽藏

如果说和、敬、清、寂是茶道中"形而上"的禅意，那在"形而下"的茶庭、露地、茶具中，禅更是无处不在。

露地是茶室外的庭园，其名取典于《法华经》中的"诸子……争出火宅……安隐得出，皆于四衢道中，露地而坐，无复障碍"，隐含了为远道而来的客人完成从俗世到净土的过渡之意，这其中自有"出三界火宅之外，坐露地之中"的意境。

作为通向茶室的通道，露地的风格也多追求清寂含蓄，较为复杂的露地更常与枯山水相结合：曲径遵循一定的原则穿过露地，一路经过寄付、中门、雪隐、石灯笼、蹲踞、尘穴、飞石、延段通向茶室。这些建筑本身也暗藏禅机，如石灯笼代表了"立式光明"，雪隐则源于北宋名僧雪窦禅师于杭州灵隐寺掌便所役三年彻悟佛法之典。客人穿过这一派庭中山水之后进入茶室，不难感受到茶中之禅与庭外之禅的相通之处。

茶庭又称本席，是饮茶、举行茶事的场所。不同茶道流派的茶室尺寸各异，如千利休推崇三叠、二叠乃至于一叠半的小茶室，而千利休的弟子古田织部则偏爱大茶室。从风格上来看，茶人多崇尚自然光以凸显无为、自然之意，茶室中通常不设照明物，即便是以"异风"出名的织部，为了使壁龛处明亮一些，也只是通过开设"笔墨窗"改善外部光源，但并没有改变茶室整体上偏昏暗的氛围。

茶室所用的木料石材基本不加装饰，保持着自然之色。这其中最具禅意的草庵茶室，为排除世俗与贵族元素更使用了质朴的土墙壁。草庵茶室蹦口极低，需要客人膝行而入；茶室内壁龛间多摆有"挂物"，客人须依茶礼进行参拜。在巧妙的光影布局下，狭小的茶室有了无限的延伸，一派"缩之千里，成于尺寸"的禅宗气象。

茶室内的器物同样深具禅意，最重要的莫过于壁龛上的"挂物"。"挂物"除必备的挂轴外还有诸如扇子、短册等物。挂轴多为禅宗墨迹，比起其中的书法造诣，茶人更强调墨迹形成的禅意以及书写者本身的修为。据《南方录》所述，挂轴为主、客得茶汤三昧一心的

得道之物，是茶事中不可或缺的摆设。

与茶道相呼应，茶具同样也多为色调素雅、形态不规整的器皿，以提醒茶人"物盛则衰""有生有灭"的寂灭之感。被称为"目明"的绍鸥，特别擅长将生活中的普通器具作为茶具使用，以破除茶具成规。在得道禅僧眼中"佛性即万物"，绍鸥的"目明"背后，正是一代茶人心中浓浓的禅意。

除"挂物"与茶具外，茶室中还少不了花入，也就是插花所用的器具。日本人重视四季更迭的细微变化，茶人所用之花也暗示着当下的时令。世间不存在同样的茶会，自然也不存在同样的茶花，主客之间由此产生的那种不期而遇的欣喜，也正是茶道极为看中的"一期一会"。

"一期"指人的一生，"一会"指仅有一次的相会，"一期一会"意味着主客在此时、此地相遇，是一生中仅有的一次机会，要付出全部诚意对待。无常有三，刹那无常，分段无常，种类无常，茶道中的"一期一会"无疑浸透着深深的无常观，将时空、茶人与茶汤融合到了一起，达到了"无一物中无尽藏"的禅境。

"一期一会"，对于饮茶之人来说，要求"一座建立"，也就是参与者的地位平等。对于饮茶本身，要求"余情残心"，即茶人无论对待茶具还是客人都要有留恋之心。最具茶道禅意的风景莫过于此：茶会结束后，客人恋恋不舍地离开，在道路尽头留下一个转身；而茶人送客之后回到茶室，面对炉火点茶独饮。

茶禅之物

村田珠光离开能阿弥之后跟随名僧一休宗纯修禅，在这一时期大彻大悟，得到了《印可状》。这幅《印可状》因代表着禅的精神而被授予珠光，又因被授予珠光而成为茶道史上最出名的字迹。

"印可状"泛指禅宗认可修行者的参悟并允其嗣法的证明性书迹，这里的《印可状》特指北宋高僧圆悟克勤送给其弟子虎丘绍隆的印可状，其全名也可称为《与虎丘绍隆印可状》。后这一份禅门珍品被装于桐木圆筒中，随海浪漂流到日本萨摩坊，被一位渔夫无意中打捞上岸，因此《印可状》也被称为"流圆悟"。渔夫觉得此非俗物，于是献给了大德寺——一休宗纯修禅所在的寺庙。珠光开悟后从一休宗纯处得到《印可状》，并将其挂在草庵茶室四叠半客厅的壁龛上，于是这一幅《印可状》由此成为茶道至宝。

《印可状》后流传至茶人同时也是大名的伊达政宗手中。在当时著名茶人古田织部的建议下，伊达政宗将《印可状》一分为二，后半段在岁月流逝中不知去向，前半段则被不昧流的创始人松平不昧获得，最终由松平家的后人赠予东京国立博物馆，这份宝物传奇的行程由此告一段落。

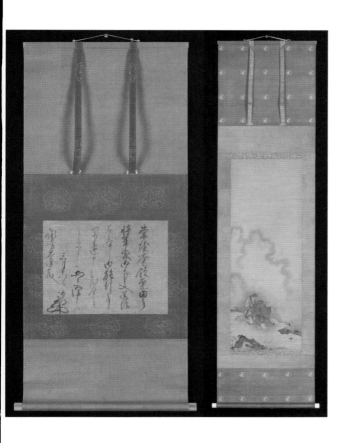

1 作为茶室重要茶道具的挂物
《给幕府官员的信》梦窗疏石 大都会艺术博物馆
2《丰干寒山拾得图》灵彩 15 世纪中期 大都会艺术博物馆

在孤悬于亚洲东北部的日本列岛上，茶因禅而入，由禅而生，在一代代的茶人与禅僧手中形成了独树一帜的茶道。茶道深邃，却又朴素；茶道内倾，却又粗朴；茶道稚拙含蓄，却又幽寂高远。铃木大拙认为"禅与茶道的相通之处在于对事物的纯化"，这一精辟解读或许又将凝成千利休与弟子那段平平无奇的对话：

　　"何为茶道？"

　　"解渴之用。"

　　仅此而已，再无其他。

在说到东山御物之前，首先要说说唐物。唐物，顾名思义就是自中国流传至日本的艺术品。在漫长的历史岁月里，珍贵稀缺的唐物代表着日本贵族阶层的品位与审美，唐物鉴定也远远不只是古董鉴定这么简单，它还代表着地位，因为不是每个人都有机会在众多唐物中修炼出自己的鉴别技巧。

　　日本茶道源于中国而流行于贵族阶层，于是唐物也自然而然成为日本茶人的"资格证书"。在早期日本茶道中，想成为茶汤名人就必须拥有唐物，否则纵然有着深厚的茶道积淀与艺术构思也是枉然。由此可以看出，日本

小堀宗实：茶无止境，步履不停

小堀宗实：直透万重关不住青霄裹

⊙ 胖蝉 / 采访 & 文
⊙ 司北 / 摄影

小堀宗实是远州茶道宗家第十三世家元，茶道巨匠小堀远州的嫡系后裔。十三世家元小堀宗庆的长子。学习院大学毕业后赴临济宗大德寺派桂德禅院修行，平成十二年（2000）获大德寺管长福富雪底禅师授"不传庵""宗实"号，翌年继承十三世家元至今。

秉承"以茶润心"理念，致力于青少年茶道教育和茶道文化的海外推广，兼任远州流茶道联盟最高顾问，小堀远州显彰会理事长，新加坡国立大学名誉教授。

胖蝉：非常荣幸能获得与家元对谈的机会，我修习的是千家流派，对武家茶道仅借助书籍、影像了解一点皮毛。从手法到道具，千家、武家的风格差异渗透在组席、行茶的方方面面，是否可以用一些比较典型的事例为初涉此道的读者们呈现一下两者的异同呢？

例如，千家流派的帛纱往往佩于左腰而武家流派会将其佩于右边腰间，就此我也听过诸多解释。有比较主流的两种说法：其一是武士的左腰需要保留作佩刀之用，所以将帛纱移至右腰；其二是佩于右腰才是彼时主流，只是千家大茶人宗旦正好是左利手，后世便加以效仿。还请家元协助为读者们解惑。

家元：很荣幸能将远州流的茶风远播海外，上个月碰巧也有北京大学日本传统文化方向的研究员来访。不得不说，每次对谈我都惊异于中国年轻学者对茶道文化的理解之深。帛纱的位置确实是武家和千家一个直白显著的区别，佩刀的说法乍一听颇有道理，但仔细琢磨却有太多不合理之处。首先当时正值乱世，茶席是武士远离杀伐追求心灵救赎的一片净土，进入茶室前卸下刀剑，同时卸下杀伐之心已成为茶道仪式的精髓部分，这样一想，以佩刀为由改换帛纱位置的说法就太过牵强了。

当代各大流派的点茶仪轨中都会包含大量的左、右元素，迈入茶席的脚，取持器具的手和转身的方向无一例外。然而上溯到草庵茶的创始期各流派还未分化之时，对于行茶中的左右规范其实并没有如此严格，现代社会对于左利手的包容度虽然大大提高了，但彼时右利手是绝对的主流，将帛纱放于右利手方便取用的位置是很自然的事。而根据文献记载，大茶人宗旦是彼时少见的左利手，他兴许是按照自己的使用习惯重置了帛纱的位置，但这一别具特征的习惯却为以他为原点的三千家流派所袭承，而其他诞生更早的流派则保留了相对古典的样式。当然，针对这一点学术界还未定论，以上说法也只是我的一种个人推测。

专访

小堀宗实

"习茶路异常坎坷，技法的提升需要反复的、走心的练习，而精神境界的提高却需要阅历甚至是逆境的催化。"

(本文采访及拍摄日：2018年8月3日)

胖蝉：原来如此，确如家元所说，很多武家流派的源流是早于宗旦的。继续方才的话题，如果将讨论的范围扩大至点茶的仪轨手法的话，我个人直观的印象是武家茶道的手法总体比较果断飒爽，具有阳刚之美；而千家流派则男女有别，男子点前庄严，女子点前则会更加温婉细腻，能否为各位读者梳理一下这里的区别呢？

家元：因为从小修习自家流派，对于其他流派没有太多机会接触了解，不敢妄加评论，所以只能对自家流派的做法风格做一些归纳。首先如你所说，很多流派的手法动作都是有男女之分的，毕竟男女气质不同对于茶道的诉求也就不同，而茶人在教授仪轨时也会刻意强调这种区别。在远州流中不存在所谓"男子点前"和"女子点前"，风格是高度统一的。早期茶道的修习者以男性为主，而武家茶道的修习者多为贵族子弟，成分更加单一。武家作为彼时的特权阶级，本就重视礼法教育和日常生活中的动作姿态和气质。同样修习剑道的你必有体会，武家的气质本就是飒爽果断的，所以远州流的点前也相应地呈现出爽利而干脆的特征。

另外一个显著特点便是武家流派的点茶手法更加"洗练"，连贯性和律动感也会更强。而相比之下千家流派变化和丰富程度会略微逊色些。这可能是因为自古至今漫长的传承过程中，远州流更倾向于围绕着流派的基本形式进行浓缩、改良。反观千家流派，三千家虽说是由同一源流分化形成，彼此血脉相连，但表千家、里千家和武者小路千家的仪轨手法却在漫长的历史进程中演化出了很大差异，这很大程度上是为了应对社会对于茶的多样化诉求。用现代的语言来说，千家茶道在针对不同类型的受众上有着更高的灵活性，而远州流在这方面则更执着于传承和坚持。

胖蝉，茶人。毕业于早稻田大学，现居上海。茶道师从江户千家，在事茶、制茶、藏器、制器方面均有建树。在多家机构任茶道讲师，运营茶主题公众号"蝉室"。

胖蝉与小堀宗实的两人座谈

1、2 家元指导制作的高取烧茶入 铭"长生"

十三代高取八山作品

3 仕覆(左起):晴宝锦(不传庵宗实家元 御好)、翔凤金襕、

小堀裂(小堀远州 御好)

胖蝉:在茶道具的选择上,抛开审美方面的因素不谈,我注意到远州流在器物的选择方面对传统有着更多的坚持,或者说更为"复古",可以为我们分享一些典型的事例吗?

家元:在浓茶仪轨中,千家系茶道流派有时会使用黑漆"真"枣,而远州流则遵循古制全部使用陶质的浓茶小罐"茶入"。浓茶是茶事中最为严肃,精神性也最丰富的一个环节,而各流派浓茶手法的差异是较小的,因为它是一种"经典形态",就好比一只理想的茶碗的重量一样,多修一刀则过于轻飘,少修一刀又略显沉重。对它来说,改良是非必要的、无意义的,于是我们坚持古制,捍卫它应有的形态。

当然还有另外的因素就是,身为贵族的武家流派有足够金银支撑高昂的名物收藏,并没有使用其他道具替换经典器具的必要。

胖蝉：方才我们通过一些具体的话题对千家、武家茶道的异同进行了梳理，随着话题的逐渐深入，现象背后的逻辑也渐渐浮出水面了，那么请家元为我们点破造成这些差异的深层原因吧。

家元：虽然有些话在现代社会背景下讲会显得不合时宜，但客观地说，武家茶道和千家茶道最大的不同源于创始者和承袭者在彼时社会地位的差异。千家茶道崛起于民间，富商出身的利休和他的后继者们虽然也有在朝中任职，但茶人作为一种职业，在以武士阶层为统治主体的江户幕府时代始终扮演的是"侍奉"的角色。从某种程度上说，彼时的职业茶人是需要依附于贵族以求得供养和庇护，同时为了更好地经营流派，不得不照顾广大受众的好恶，所以在其发展历程中会比较容易受到外界的影响。

反观武家茶道，创始人多为与利休同时期抑或稍晚于利休时代的"大名茶人"，拥有世袭封地和较高的社会地位，多数还在朝廷中担任要职。茶道作为他们的"必修课"，是以提高文化素养和艺术修为的手段而存在的，不太需要对外推广，流派也无须靠外界弟子维持。从另一个角度来说，相比于千家茶道，武家茶道比较不容易被外界影响和左右。

另外，武家有着相对充裕的资金和领地内资源的完全支配权，很多大名茶人都会资助陶工并按照自己的审美取向指导茶陶的制作，小堀远州便是其中较为出名的一位。武家茶人在这个过程中是器物的创作者，同时也是鉴赏者和消费者，而这些器物无须去迎合他人的品位，往往更能真实地反映缔造者的茶道思想。

当然，明治维新废藩置县之后，原本衣食无忧的武士阶层失去了固有的社会地位和各种特权，成为众人平等的新社会中的一员。而武家茶道的传承者们也和千家系流派一样以茶人为业，但是一些理念和思想仍然被传承下来，形成了武家茶道的独特个性。

1
2
3

1、2 家元指导制作的御本茶碗
清水日吕志作品
3 "远州茶道宗家"

胖蝉：受教了。家元方才提到了小堀远州对茶陶的指导，小堀远州是我最喜欢的茶人，远州七窑中现存的窑口我全去考察过，还不止一次，本周日也约了七窑之一的朝日烧当主十六世松林丰斋见面。相比于上一代茶界领袖、同为武家茶人的古田织部，小堀远州时代的茶陶更广受世人喜爱，不论是他甄选出的中兴名物还是亲自指导的远州七窑，在后世都是评价极高的。作为远州流的当主，家元想必是现世对流祖风格理解最深的人了，如果只用一个词来概括小堀远州茶陶的特点，您会选择哪个词呢？

家元：我认为"客观性"是一个比较恰当的词。利休将茶道推演到了一个极致，极致狭窄、充满威严感和仪式感的茶室，将草庵茶的理念发挥到极致的黑乐茶碗，而他的继承人，大名茶人古田织部则用夸张扭曲的器形将极致的条框再次打破，把风格强烈的破格之美呈现在世人面前。不论内敛的利休还是奔放的古田织部，他们毕生都在开创和完善自己的风格，在茶道活动时表现出强烈的主观意识和引领倾向。小堀远州是俸禄1.5万石的大名，论身家远不及皇亲国戚和封疆大吏们，但是由于身居朝廷要职执掌大权，可说是享有着与封地不相称的极高权威。在茶道领域他是利休的后继者、大名茶人古田织部的高徒，有着一呼百应的绝对影响力。而小堀远州则一改茶人强烈的表现欲，本着强大的包容性，以一个客观评判者的角度去发掘被埋没的优秀作品，亲自指导制作客观上受世人喜爱的茶道具。正因为流祖的这份胸怀，至今，远州流偏好的茶具中都极少出现风格强烈到让人无法接受的作品。

同样，在茶室的布局方面，利休的茶空间是高度浓缩且位置固定的，通过限制茶客的行动范围和目光焦点来制造庄严的仪式感。而远州的茶空间则是流动的，移步换景，将选择权交予茶客，提供立体化多元化的体验，这也是远州流"客观性"的重要表现。

胖蝉：今天我们的另外一个重要话题就是茶与禅，日本茶道和禅的关系是无比密切的，禅为茶道提供了极其丰富的精神内涵支持，而茶道也为禅的普及和推广开辟了全新的路径。我听闻茶道家族的继承人们在继承家业前都会选择进入禅寺修行一段时间，家元您本人也曾在寺庙修行，请问在茶道家系这是否是一种约定俗成的规矩呢？

家元：其他流派的情况我并不是完全了解，三千家的继承者们应该有更固定的赴禅寺修行的传统。但远州流其实并没有"强制"继承人去寺院修行，是否进修更多是由本人意愿和先代的意见决定。我的父亲十二世家元并没有在寺院修行过，我也是经过再三思考和权衡，并和家人商量之后才选择在大学毕业这个时间点进入寺院的，在作为远州流的正式继承人迈入家门前完成属于自己的修行。

胖蝉：那么在寺院的修行是怎样的呢？

家元：比起修行，用"生活"来形容可能会更恰当些。我所体验的是作为一名僧人的日常，平淡而平静，但不得不说，非常辛苦。寺院的杂务占据了每天中绝大多数时间，擦拭佛堂、地板，清扫院内的落叶灰尘，整修树木，还有最折磨人的清洗茅厕并将农家肥收集起来挑去为寺院的自留地施肥。修习佛法的时间几乎填满了其他空白，而作为茶家的继承人，点茶的练习自然不能怠慢，只能挤出一点点零碎的时间赶紧搬出茶道具在空地练习。寺院并没有因为我是茶家公子就对我有任何优待，但也对我习茶的习惯表示出了足够的尊重。是不是和你的想象有些不一样？

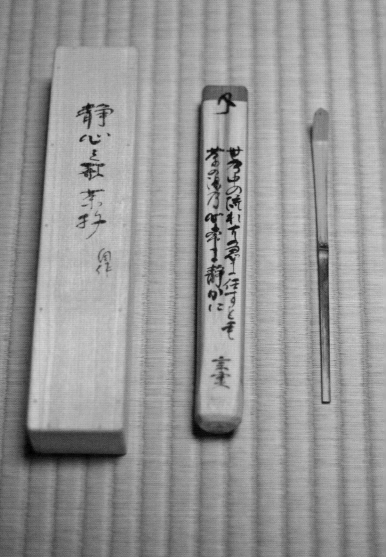

$$\frac{1}{2}$$

1、2 茶勺 共筒 共箱
不传庵宗实家元作品

胖蝉：确实有点意外。虽然在寺院修行协助寺务是情理之中的事，但我本以为"修习"的比重会更重一些。自古以来茶道家系和寺院的来往就十分密切，家元们将自己用心培养的继承人送去寺庙修行，自然希望他们能够接受高僧的指引和点化，提升茶的精神境界，甚至是建立、扩充一下人脉，助他们在今后的茶人道路上走得更稳。如此恬淡的寺庙生活真的可以达到预期效果吗？

家元：诚然，茶人家系和寺院的关系是极其紧密的，我修行的寺院的住持和我的父亲也是多年故交，但是如你所知，禅理并不是通过语言文字的传授就可以轻易领悟的，你越是以一种特殊的、和寺院的日常格格不入的状态修行，你离它就越远。兴许日复一日的单调清苦的寺院生活会让你心生怀疑，但当你跨过疑虑进入一个平静的状态时，你会发现这份清净和单纯会让你有更多抛除杂念面对自己内心的机会。很多感悟是无法言表的，但它们会留在你身上，令你受益终身。

胖蝉：受教了。您方才提到，您的父亲当时并没有选择去寺院修行，却支持您去了寺院，这看似有些矛盾的决策的背后，是否有什么特殊缘由呢？

家元：父亲生在了一个疯狂而痛苦的时代，二战尾声时，还是学生的他被征兵派往当时的满洲（旧时中国东北的称呼），虽然未曾在战场上杀戮，却在战后作为俘虏被送到苦寒之地度过了漫长的劳动改造时光。回国后，他曾向住持表达过希望在寺院修行的意愿。而住持对他说："你在战时目睹了人性的恶、世人的苦，在苦寒之地经历了煎熬、绝望、数次濒临死亡的体验。这多重逆境摧残着你的身体，折磨着你的意志，经历过这些的你在对生命的体悟方面已经远远超过了常人可以获知的程度。经历与思考才是智慧的温床，这座寺庙已经不能为你提供更多了。"

　　虽说在修行这件事上他完全尊重我个人的意愿，但是当我第一次对他说起我希望去寺院时，看得出他还是非常高兴的。

1
—
2

1、2 两人于茶室中对谈，茶席的挂轴的禅语是："直透万重关不住青霄里"

胖蝉：我注意到今日茶席的挂轴的禅语是"直透万重关不住青霄里"，仅从字面上解读未免会有偏差，能否为我们解读其中的深意呢？

家元：这是我非常喜欢也常用来自勉的一句禅语，相信我不讲你也可以体悟其中的含义。习茶路异常坎坷，技法的提升需要反复的、走心的练习，而精神境界的提高却需要阅历甚至是逆境的催化。经过长年累月的踏实努力突破了一次又一次的瓶颈终于攀登到一个高度，此时你已成名，被赞扬的声音环绕仿佛置身霄云之中，于是自己也跟着飘飘然起来，不再脚踏实地。此刻应该警醒，霄云不过是另一重考验，拨开云雾上方又有万重阶梯。茶无止境，步履不停。

人面向茶庭

茶的种植与抹茶的品鉴

お茶の栽培と抹茶の鑑定

胖蝉／采访 & 文

可北／胖蝉／摄影

北川半兵卫商店／供图

茶园采摘

六代目 北川直树——合名会社北川半兵卫
商店专务董事

北川半兵卫本家宅邸的庭园

ZHI JAPAN

清晨，我如约在宇治北川半兵卫本家的宅邸见到了六代目北川直树。虽然相识已久，但在镜头前正襟危坐还系首次，摄影师提醒我们不要太紧绷时，双方都哑然失笑。

北川半兵卫家族在挺进茶圈前就已是宇治本地的望族，坐拥广袤良田与众多忠实的佃农。157 年前，对市面上茶品质的不满使彼时的北川家主人萌生了自己种茶的想法，于是吩咐麾下的佃农将一些风土适宜的农田改为茶园，并取家族名号成立了"北川半兵卫商店"的商号，正式进军制茶业。

如今，昔日种植萝卜的菜园已经成为毫无争议的日本顶尖茶园，其出产的碾茶（制作抹茶的原料叶茶）共斩获 34 次农林水产大臣赏，而北川旗下的其他茶园也有 11 张奖状入账。在日本茶界，这个数字令任何新老茶铺都望尘莫及。

2017 年，北川家族在祇园盘下了一栋历史保护建筑并把它的内部改造成了一处以宇治茶为主题的茶酒空间。古朴的外观，充满设计感却又不失传统风韵的内部空间和将茶元素解构重组的现代饮品令这家店在开业伊始便成为媒体争相报道的对象。然而店主却对此颇为头疼："客人排起长队会影响祇园的氛围，所以我们采取了限流措施，也尽量控制媒体的曝光率。"在开店这条路上北川是极其耐心与低调的，这份自信并非没有根据——毕竟，祇园的地位太过特殊，没有其他任何一家茶铺有能力拿到这里的店铺，兴许也没有几家店铺有面子请到蝉联五届日本调酒师大赛冠军的山形大神坐镇。

专访
六代目 北川直树

"在最见茶师功力的拼配过程中，我们通过对每一个批次的审评掌握每一个细分部件的特点，再将它们组合起来形成一个具有整体感却又不失特色的味道。"

（本文采访及拍摄日：2018 年 8 月 4 日）

胖蝉：北川先生对中国的抹茶发展应该比较了解了，近两年来抹茶食品的爆发式增长让更多美食爱好者对抹茶的本味与茶道兴趣盎然。这本是件好事，然而因为某些商家别有用心，以及、媒体的误导，国内大多数爱好者对抹茶和宇治茶的理解都存在严重偏差，不妨就由我们二人从一些基础知识和定义入手，为初涉此道的爱好者们梳理一番。

相信大多数读者对"抹茶"的印象仍停留在甜品或主题饮品上，而抹茶的品鉴是有一定门槛的，不妨请您先为读者们普及一下抹茶的味觉特色和鉴赏要点吧。

北川：抹茶具有标志性的特殊香气，入口主要呈现鲜甜味和一定程度的苦涩，后段则以醇厚感为主导，兼具强烈回甘。确实，很多日本女孩子第一次尝试正统抹茶时的第一反应也都是"好苦哦"。这是因为她们先前接触的是经过大量糖、奶调味的抹茶饮料，先入为主地形成了固有印象。就像喝惯奶咖、奶茶的人第一次尝试清咖或红茶时也会有强烈的违和感一样，人们需要一个适应的过程。然而，抹茶与咖啡以及其他茶类不同的是，它是一种悬浊液，品饮者喝下的不仅是茶汤，还有茶叶本身。嚼过茶底的人都知道，即便是多轮冲泡过后，叶底仍然是苦涩的，而抹茶则相当于把茶水和叶底的苦涩度叠加并浓缩在少量茶汤中，冲击力自然大些。然而被浓缩的不只是苦涩，接踵而至的强烈鲜甜和甘醇给人留下的印象往往更深。

1/2/3

1、2 胖蝉与北川直树在本家宅邸对谈

3 "室闲茶味清"

知日·日本茶道完全入门

本家宅邸的内部陈设

1
2
3
4

1 覆下茶园"玉露园"
2 遮光中的春茶嫩梢
3 运往碾茶工厂的鲜叶
4 北川半兵卫家的旧制茶场即将
改造为制茶博物馆

胖蝉：如果各位读者有兴趣将中国具有代表性的绿茶磨成粉末，用同样的方式加以点饮，定会觉得苦涩而难以下咽。相对而言，抹茶的苦涩味大大减轻，这并非加工之妙，而是特殊种植方式的功劳。请为我们讲一讲抹茶的安身立命之本——覆下栽培。

北川：即便是在抹茶文化浸润极深的日本，非专业人士也很难讲清抹茶和绿茶粉的区别。如果用严谨语言定义的话，采收新芽生长期特定时间段内经过遮光处理（覆下栽培）的鲜叶，蒸汽杀青后烘干制成碾茶，后经石磨等研磨制成的微细粉末即是抹茶。实行覆下栽培的茶园被称为"玉露园"，而不采用遮光措施的茶园则被称为"露天园"。因为育种和施肥方式的显著差异，日本茶园的出芽时间大幅晚于中国，采茶季也比中国推迟了 1.5 个月左右。进入 5 月，玉露园的茶农们便纷纷忙碌起来，检查、加固搭架，为铺设寒袱纱做准备。现代的寒袱纱已经和祖辈们使用的布料草帘有了很大不同，以一定规律排列的百叶窗结构在确保各角度的透光度一致的同时还保持了良好的通风性，耐久性上初期材质与其不可同日而语。但创新从未止步，近些年，考虑到黑色易吸热不易控温，双层结构的白色寒袱纱的应用范围也在逐步扩大。

覆下栽培仅仅针对鲜叶采收前特定的生长时期，并非让茶树在严重光照不足的极端环境中长大。一般在新芽展开两叶前后的时段开始对茶园顶部和四周进行遮光，初期的遮光率约70%。约 10 日后进一步调整遮光率至 95% 以上（基本黑暗），维持约 10 日后采收。在短短 20 余日中，茶叶的内质发生了很大变化。

胖蝉：一个最显而易见的变化就是茶叶会呈现浓艳的绿色，光照不足引发的应激反应促使植株生成更多叶绿素，而这一变化也被忠实地反映在碾茶与抹茶的色泽中。同时发生的肉眼可见的显著变化还有叶片变得薄而软嫩，而这些特征都间接地提升了鲜叶的易加工性。熟悉中国茶的各位一定对儿茶素和茶氨酸这两种具有代表性的茶叶内含物质不陌生，这两种成分分别对应了涩味和鲜甜味。但可能鲜有人知道茶氨酸和儿茶素之间的转化关系，在弱光条件下这一转化过程会被抑制，导致茶氨酸在叶片中蓄积，构成鲜甜味的基础，而儿茶素的生成则相应减少，最终降低了叶片中的涩味。

北川：遮光栽培还孕育了学名为"覆香"的抹茶的标志性香气，因为和烘烤海苔的香气有些许相似，很多人也习惯性地将其称为"海苔香"，光的缺失干扰了含硫有机物的代谢，使其蓄积在叶片中并在其后的制程中得以保留。新茶的覆香清新而强烈，在碾茶的低温陈放和研磨过程中会发生进一步的转化，最终形成更为柔和而理想的香气。

　　覆下栽培虽然对茶的品质有显著的提升，但其本质却是通过人工手段干涉茶的正常生长路径，而这势必会给茶树造成一定程度的伤害。所以通过合理的施肥和田间管理让茶树休养生息就显得尤其重要，最优质的茶园在春茶后会进入休整期，直到下一个春天的来临。

　　将刚刚谈到的内容加以总结，覆下栽培通过减少或遮断光的供应造成了三个主要变化：叶绿素的蓄积，茶氨酸向儿茶素转化的停滞和代谢途径变化造成的含硫有机化合物的大量蓄积。它们对应的效果依次是鲜叶呈现浓艳绿色、苦涩味减少与鲜甜味增加和产生独特的"覆香"，而这三个特点便是抹茶区别于普通绿茶粉的显著特征。

1
—
2

1 碾茶
2 碾茶评审

现代抹茶生产流程简图

鲜叶 → 蒸汽杀青 → 打散 → 烘干 → 拆叶

二次烘干 → 二次拆叶 → 风选去梗 → 细切 → 精密风选 → 碾茶（抹茶原料）

碾茶（抹茶原料）→ 冷库熟成

碾茶（抹茶原料）→ 感官评审 → 拼配 → 研磨 → 分装 → 抹茶

待评审的碾茶

胖蝉：说起苦涩，很多人视之为洪水猛兽，但其实日本茶人对苦涩的钟爱并不亚于鲜冽甘醇。有人曾问我，是不是最高级的抹茶就完全不苦涩了，我每每一笑并不作答，只因苦味和涩味是茶本味的一部分，适当削弱它以突出鲜与甜是合理的逻辑，然而完全消除它只会破坏总体的平衡感而让茶沦为一种甜腻而慵懒的饮品。失去了苦涩带来的清凉感与收敛感，茶也就失去了其最重要的意义之一：清冽醒脑，引人入定，发人深省的能力。

北川：以茶师的视角来看同样如此，我们通过精耕细作与技术革新，不断地将茶树的内在潜力激发出来，使其颜色更浓艳、入口更鲜甜、回味更醇厚。然而一味将这些优异之处堆砌在一起并不一定就是茶人眼中的好茶，这些闪光点必须以更立体化的方式呈现给饮茶者，这就需要对茶人审美的精准理解。在最见茶师功力的拼配过程中，我们通过对每一个批次的审评掌握每一个细分部件的特点，再将它们组合起来形成一个具有整体感却又不失特色的味道。

我从毕业起就浸在自家的茶场里，每年的好茶在鼻尖和指尖流过，对于茶味的把握是很有自信的。然而这也耗用了我大量的时间与精力，以至于对茶道手法的学习多有怠慢。每每与同辈的资深茶人同席我都备感压力，人一紧绷手法就更容易出错，为此我十分烦恼，一度想要搁置主业潜心练习，但他们却总说："北川先生你只要继续专心制茶就好啦，不要考虑其他的事情"，仿佛怕我因研习手法误了"正事"。有时我自己也常想，兴许这也算是一种微妙的平衡吧。

胖蝉：茶人就像设计师，根据自己追求的风格定下基调，而茶师就像土木工程师，熟知每一个构件的性质，针对设计的要求配置最优资源。种植茶的品质决定了成品茶的高度，就好比欲起巨厦必先甄选良材做大柱栋梁。然而空有宏大的构架并不能成为建筑，需要添砖加瓦以形成味觉的主体，这便是茶师发挥拼配功力的舞台了。

北川：就好比茶席的创意工夫一般，千篇一律的味道是最无趣的。茶师虽然身居幕后，但也有自己专属的舞台。当然，流派家元和茶师的共同创作往往会以"宗匠御好"茶铭的形式留存下来，在一定程度上记录了茶人的审美。

胖蝉：谈到茶铭，对茶道有初步了解的读者可能会期待对谈中对浓茶和薄茶的相关内容加以详述，我们不妨进入这个话题。每一个茶铭相当于一种规格，对应着一个配方和相应的原料，茶铺将一众茶铭分为浓茶和薄茶两个部分，但交界处的界限往往不甚分明，能否从茶师的角度为我们解答一下，浓茶、薄茶在选材和制作方面有着怎样的异同呢？

北川：那我就从现代抹茶的工艺说起，不论浓茶、薄茶还是食品级抹茶，制程方面是大致相同的。附有茶叶的嫩梢会立刻进入蒸汽杀青工段，蒸软聚团的叶散在被风力吹散后进入碾茶炉中进行漫长而精细的烘干。其后，基本烘干后的茶梢被送入第一次拆叶工序，在这里叶片会被从茎梗上剥离下来并在其后的风力筛选中被收集起来进入下一工序。第二次拆叶则会将叶片切得更细以便叶脉更容易脱落，其后的精密风选和静电筛选将主脉和杂质去除后就制成了抹茶的原料——碾茶。除去一小部分被加工成新茶外，绝大多数的碾茶会被送入低温仓库进行一段时间的熟成加工，重新取出后拼配并研磨成抹茶。

运行中的石磨

1
—
2
—
3

1) 祇园北川半兵卫的特调抹茶与甜品
2) 胖蝉与北川直树在祇园北川半兵卫对谈
3) 店内的陈设木板均用北川家的旧茶箱劈制

胖蝉：在制程基本相同的情况下，茶的品质差异主要由茶树的品种和原料的等级来决定，能否为我们梳理一下相关知识呢？

北川：对同一茶树品种来说，原料的品质与采摘时期、采摘标准呈现强烈的正相关性。这不难理解，因为中国的很多茶品也都是根据采摘时期定级的。日本茶有一番茶、二番茶等说法，也有秋茶，同样是根据采摘时期划分的。一番茶优于其他品级的逻辑，除却蓄足了力量的头采叶片内质更加充盈外，有时更从侧面透露出了茶园一年只采一季的信息。一番茶和手工采摘是茶道用茶的门槛，食用品抹茶则更多会用二番茶和秋茶拼配。而一番茶的范畴之内仍然有太多的定级因素。茶树的品种和本年度的栽培状态是第一个重要参数。尽管日本茶的育种技术频繁地取得了大幅进步，但自然总是公平的，色泽、滋味更好的茶树品种自然需要更多资源和人的精力，在异常天气和病害面前也更脆弱，这就限制了好茶的存量。前面我们花了很多时间讨论拼配，在资源有限的情况下，如何发挥每个批次的优点并补足其短板，就全看茶师的本事了。

方才谈及制程时也提到了，叶梗和叶脉在拆叶风选中会部分或完全加以剔除。这个比例也会左右成品茶的品质。由此可见，一款高阶茶与一款比较亲民的茶在原料的品种、茶园状态、拆叶比例和拼配环节都有着较大的差异，售价悬殊也就不难理解了。

胖蝉：说来惭愧，大学初次接触抹茶时并无机会深入了解现代抹茶制程，在其后很长的一段时间内我都曾愚昧地认为茶道高阶抹茶的生产中仍保留了人工拆叶的传统，导致每一服浓茶都喝得格外有仪式感。

北川：（笑）人工拆叶分选确实没有完全绝迹，每年送去审评会角逐的日本第一的茶绝大多数都会经过严格的人工拆叶、色选，不惜工本地甄选出最能够代表自己茶园顶尖水平的茶叶批次。审评会选出的抹茶和市面上的顶级茶又有些许不同，相对后者对于口味平衡感的重视，审评茶更注重的是一款茶可以达到的"高度"。各茶铺"花魁"和"全国状元"都喝过的你，应该很熟悉了。

胖蝉：确实，追求高度突破的审评茶和注重完满表达的茶道高阶浓茶背后的思想是完全不同的，审评茶的强劲冲击和高阶茶的发人深省对我来说都是难忘的体验。中国也有争议不断的各色"茶王赛"，更有很多熟悉套路的国内商贩也试图选取抹茶的卖点进行宣传，结果却因为知识不足偏入了"玄学"范畴，比如有些人声称将"真正的"抹茶粉均匀涂于皮肤晕开，因为粉末研磨至极细的程度，甚至可以被皮肤直接吸收，简直骇人听闻。北川先生不如给大家科普一下抹茶的研磨成品的粒径，也好让大家对抹茶真实的细腻度有个正确的认识。

北川：按照日本的标准，抹茶粒径一般在 10~15 微米，虽然采用新型设备可以达到更细的 6 微米左右微粒，但因为加工工艺的特点，颜色会逊色一些，只有大量生产的较低档抹茶才会选择用此方式加工。茶道级别抹茶原则上一律使用石磨磨粉，这并非因为我们一味地遵循传统制法，而是因为基本维持在恒温 50 摄氏度，较长时间且较为柔和的粉碎过程更有利于抹茶风味的提升。

当然，提升风味的代价也很大，一台石磨一个小时内不停运转只能出产 40 克的抹茶，若要满足生产需求则需要几百台石磨同时运转，场面极其壮观。

胖蝉：另外一个典型谬误就是围绕着"宇治抹茶"这一概念的各种误读，作为宇治本地的茶业世家，我想在这个问题上没有谁比北川先生更有发言权了。

北川：很多人都听过"宇治抹茶"这一说法，并且想当然地认为宇治抹茶就是"产于宇治的抹茶"，这是极大的谬误。日本的官方定义中并没有"宇治抹茶"这个项目，只有"宇治茶"项目。和中国的毛茶一样，在日本作为半成品的荒茶也是可以流通的。而一款抹茶，原料产地和成品加工地在很多情况下是不同的。因此，宇治茶的定义就包含了茶产地和加工地两个方面：原料产于京都府、奈良县、三重县、滋贺县，并通过在京都府内注册的加工从业者在京都府境内使用源于宇治的制茶法加工的绿茶可称为宇治茶。

这个定义不仅适用于抹茶，也适用于其他茶类，比如煎茶和玉露。很多人可能不理解为何能将中心产区扩大到如此大的范围，其实知晓背景后并不难理解：宇治茶优异品质的核心不在茶种，也不全依赖风土环境。包括施肥、灌溉、遮光在内的全方位茶园管理，鲜叶采收的严格规则以及过硬的加工技术才是其安身立命的根本。纵观历史，上述定义中的区域从文化和理念上汲取了宇治茶的精髓，在地理与气候环境上又与宇治高度相似，经茶界的严谨论证，这些产区的茶得到了宇治茶的美誉。当然，除去上述产区，爱知县的西尾市和福冈县的八女市都是比较著名的抹茶产区。

2017 年，经过长期筹备和长达 3 年的甄选与斡旋，北川半兵卫在中国设立了茶园与制茶工厂，力求在海外的土地首次实现宇治茶的品质。

1
2
3
4

1 工作中的山形大神
2 用自家茶园产茶制作的五味茶饮：日本红茶、日本乌龙茶、焙茶、煎茶、抹茶
3 古典与现代融合的店内氛围
4 "祇园令北川半兵卫"暖帘

加贺棒茶物语：茶叶中的匠人之魂

加賀棒茶物語：茶葉にこめた匠の魂

©meiki／采访&文
◎丸八制茶场／供图

日本人一直有饮茶的传统。日本所产的茶叶中，约有 90% 是绿茶。细致的日本人依照绿茶的产地及其制法将茶叶分为不同种类，比如我们常常听到的玉露茶、玄米茶、煎茶、焙茶等。这些茶的香味、口感各有不同，不同的茶叶也对应着不同的季节和场合。

制作技法上，中国的绿茶更多地依靠炒制杀青防止茶叶中的茶多酚等酶氧化，并且去除鲜茶叶中的水分，再经过揉捻、干燥等步骤，制成我们通常所见的茶叶。用这茶叶泡的茶汤的茶味更为浓重，香气扑鼻。而日本茶更多地使用蒸汽杀青，再经过揉捻、干燥，或是直接晒干，所以日本茶的茶叶颜色会显得更为鲜亮翠绿，泡出的茶汤之味相对

也比较清雅。

日本茶的起源要追溯到唐朝。那时，日本僧人最澄到现在浙江台州的天台山修行学法，回国时，最澄不仅将中国佛教流派之一的天台宗带回日本供日本僧人学习，还将中国的茶种带到了京都比睿山。宋代时，日本僧人荣西也来到了浙江台州天台山研习佛法，

加贺棒茶茶汤

并在那里接触到了中国茶。感触颇深的他在回日本之后写出了著名的《吃茶养生记》，书中记录了南宋时期中国所流行的制茶方法和点茶流程，于此荣西也被后世的日本人誉为日本"茶祖"。再后来，日本的僧人圆尔辨圆来到了明州（现浙江宁波）登径山学习并参悟佛法。深谙"禅茶一味"这一思想的圆尔辨圆后来为日本带回了径山茶的种子，种植在他的故乡静冈县。茶也开始在日本普及并流传开来。从第一株茶树在扶桑生根长叶开始，现在的日本茶已形成别具一格的特色。独特的茶叶和其背后文化在过往几个世纪的岁月里被日本传承发扬，如今甚至反哺中国，很多日本茶叶漂洋过海，出现在了中国商场或是茶叶店铺之中，丰富了我们这个饮茶大国的人民的选择。

和其他国家的茶叶的划分方式并无二致，日本所有茶叶都可以根据发酵程度划分为绿茶、乌龙茶、红茶。绿茶是未经发酵的茶叶，在加工后颜色保持绿色；乌龙茶和红茶都经过一定程度的发酵，色泽从棕色到带有红色。这次我们想讲的是日本特有的一种茶——棒茶。棒茶的原料是茶梗，这在我们眼中无疑是制作高品质茶叶时剩下的废料，但是日本人却将它变废为宝，熟练的焙茶匠人精心研究制茶工艺，尽心竭力地去激发茶香。而这其中最为出名的，莫过于丸八制茶场出产的棒茶。创业于1863年的丸八制茶场到现在已经有150多年的历史。其最有特色的产品就是加贺棒茶。昭和五十八年（1983），昭和天皇来到石川县视察，当时天皇留宿的旅店委托丸八制茶场一定要制出最好的棒茶来献给天皇。为了让天皇满意，也为了宣传石川县的特色棒茶，丸八制茶场从茶梗开始精心挑选，再到烘焙工艺上更是反复琢磨，以匠人之心，希望能最大限度地释放茶梗的风味。

献上加贺棒茶

知日：您能向我们介绍一下丸八制茶场的制茶理念吗？

丸谷：丸八制茶场创立于1863年，当时在加贺藩前田家制茶奖励政策的推进下，为响应政策创立了制茶场。经过了多年风雨，丸八制茶场和加贺的打越茶园一起走到现在。我们的目标是为人们营造出"片刻的满足感"，我们希望能创造一个世界——一个被发自内心的笑容和满足感填满的世界。关于公司理念，一是不断追求品质的提升，创造日本茶的价值；二是将日本茶的乐趣向后代传达；三是把美味的日本茶带回人们的日常生活之中。

知日：丸八制茶场拥有超过150年的历史。一般来说，这样具有历史感的制茶场生产的茶制品应该会处处洋溢着"高级感"，但是我们却发现您店里的很多茶叶都使用相对便捷的三角包包装，茶叶盒子的外包装也十分可爱，似乎很迎合大众口味。从成立之初到现在，公司的经营方针有什么变化吗？

丸谷：有着"沁人心脾的茶香，配合清爽的口感"的"献上加贺棒茶"一直是我们茶场的主力商品。我们联合日本全国各地的制茶商一直在对制茶法进行研究。安全、真诚，还有美味的味道，这三点是我们一直在追求的。同时我们也为了让下一代的日本年轻人能够接受茶并且了解日本茶而努力，希望能传播日本茶的价值。

　　丸八制茶场创立之初，是负责种植茶树和培育茶叶的。随着时代的变化，石川县内的茶树栽培业开始慢慢衰退，当地的焙茶产业开始向以茶的加工、贩卖为中心的新业态转型。以1983年向昭和天皇献上最高级的加贺棒茶为契机，丸八制茶场开始以制作高品质的棒茶、焙茶为主。大约40年前，丸八制茶场开始制作一些面向当地温泉旅店或是大型超市销售的低价棒茶。虽然我们现在仍然制作高品质的棒茶或是焙茶，但是喜欢这种茶的消费群体的年龄普遍都比较大，丸八制茶场现在希望能让年轻人也接触、体会到日本茶的美味，所以现在也会针对年轻人进行一些产品开发。

专访
丸谷诚庆

"石川县内现在基本上没有种植茶树的地方了。哪怕是在日本国内，也没有地方能像石川县这么爱喝棒茶和焙茶，这也是石川人民的特色吧。棒茶离不开这里。"

| 1 |
| 2 |
| 3 |
| 4 |

1 丸八制茶场店主丸谷诚庆
2 筒装"献上加贺棒茶"
3 袋装"献上加贺棒茶"
4 丸八茶叶罐可爱的外观设计

知日：丸八制茶场现在在全日本范围内拥有 5 家店铺，但是制茶场只在石川县的加贺市，这是出于什么考量呢？

丸谷：我们没有考虑过增加制茶据点这件事。为了制作出更好的茶，我们必须在目所能及的范围内用心去制作茶叶。明治时代，金泽市最先出现了以茶叶茎为原料的棒茶。从那时开始，石川县的人们渐渐培养出了喝棒茶的习惯。石川县内现在基本上没有种植茶树的地方了。哪怕是在日本国内，也没有地方能像石川县那样这么爱喝棒茶和焙茶，这也是石川人民的特色吧。棒茶离不开这里。

知日：加贺棒茶又到底是什么呢？属于什么茶的分类呢？

丸谷：加贺棒茶是以丸八制茶场独特的烘焙技术而命名，并且使用茶梗为原料的一种焙茶，不是因产地而得名。我们的"献上加贺棒茶"使用的是初摘的茶梗，这个名字也已经被我们作为商标注册了。

知日：一般来说，人们认为茶梗、棒茶只是煎茶的副产品，您如何看待这种说法？

丸谷：焙茶、棒茶所使用的茶梗，的确是制作煎茶等茶的茶叶所剩下的部分。"这种'剩下'的茶梗制作出的茶肯定营养价值和味道都不如煎茶"，抱有这样想法的人也不在少数。但是我们所制作的茶使用的原材料都是初摘的茶叶和茶梗，品质并不差，而且，一般的棒茶在制作的过程中，为了能够烘焙到茶梗的中心部分，需要相当强的火力，茶梗的表面会因此变得焦黑。因为焦香之气，而体味不到茶味的可能性也会有。丸八制茶场制作的"献上加贺棒茶"，由于使用的是初摘的茶梗和茶叶，为了不损其风味和营养，我们采用了独特的浅焙手法，正因为这样才呈现出"献上加贺棒茶"的独特口感和香味。

1	
2	3

1 日本茶田
2、3 棒茶的烘焙过程

知日：制茶时最需要注意的地方是什么？

丸谷：我们在烘焙茶叶时，会根据当天的气温、湿度等对烘焙进行调整，每一次出产的茶，我们都会多次试饮，茶味、茶汤的颜色、口感等细节我们都必须一一检查，才能正式出品，摆到人们面前。

知日：在中国，我们平常很少喝焙茶、玄米茶，您能告诉我们这些茶的饮用方法和特征吗？

丸谷：就用丸八的商品来举例吧。

焙茶（献上加贺棒茶）

特征：使用初摘的茶梗，采用浅焙的手法烘焙。香气清新，茶味也十分爽口。

喝法：用沸腾的热水浸泡 25 秒，和和果子搭配最佳。

玄米茶（加贺玄米茶）

特征：炒制后的米散发出的香气和煎茶的清淡香气相结合。

喝法：用沸腾的热水浸泡 50 秒，十分适合在吃饭时搭配饮用。

知日：焙茶的制茶过程能不能简单地和我们说明呢？

丸谷：依据于季节的不同，选择最适合的茶进行生产。以棒茶为例，将茶梗投入烘焙机进行 20 秒左右的烘焙，然后马上倒出，通风吹散热气。我们最为讲究的是在过程中使用远红外线来烘焙茶芯。

知日：在您看来，制茶时最重要的事是什么？

丸谷：不满足于现状，以做出品质更高的茶为目标，不断地思考如何制出更美味的茶。

知日：从创业开始到现在，公司经历过困难的时期吗？

丸谷：在大约 40 年前，从制作高价的精品棒茶开始转到也制作低价棒茶的时候是最为痛苦的时期吧。因为需要 180 度改变营销理念，进入正轨花费了相当长的时间。

我一直记得友人对我说的一句话："比起利益，一个公司的理念才是更为珍贵且重要的。"我受到了很大的触动，也正因此才把公司坚持到了现在。

1 丸八店铺 "一笑"

2 品川店

3 实生店

4 syn 店

5 百番街店

知日·日本茶道完全入门

所谓茶室
茶室というもの

◎ Syuu｜文
◎ 火学社｜供图
◎ 黄莉｜编辑

茶室作为一种功能性建筑，其中所有的设计与规划，都在为品茶，或者说，为茶道体验而服务。日本的茶道作为一种高度形式化、仪式化的艺术体验，自诞生初期就与禅宗意识和日式美学紧密相连。茶室作为茶文化体系中的重要一环，从整体的建筑结构，到用材配色之类的细节，自然也蕴含着"禅茶一味"的哲学思想。在这种设计理念的主导下，茶室所表现出来的外观堪称"简洁"，人们对于日本茶室的观感也往往两极分化。一方面，人们会因为对这种高度艺术化的美学内涵缺乏了解而觉得难以体会、难以理解；另一方面，懂得茶道文化的人在层层剖析茶室的设计内涵的同时，又容易忽略茶室最本质的意义——这只是喝茶的地方。诚如冈仓天心在《茶之书》中所言："茶室，简单地说，只是一间小屋，除此之外别无他物，甚至只不过是一间茅草屋。"这个评价虽然简单，颇有一丝白描的禅意，却也将日本茶室最核心的韵味写出来了——只是一间用于喝茶的小屋而已。它蕴含着独特的艺术价值，也完美地融入茶道文化体系。在茶室中品茶，甚至不需要懂得太多文化背景就能够感受到整体氛围的和谐与自然。这种"返璞归真"也正是茶室的价值所在。

日本茶室在诞生之初并非如今最常见的狭小简洁、禅意十足的样子。最初的茶室出现在室町时代，当时的茶农为了对茶叶进行等级评定，会聚在一起举办品茶会，那时的茶室往往大而开阔。后来茶会作为一种具有娱乐性质的多人活动流行起来，茶室也随着饮茶风气的变化而变化，比如在贵族间举办的茶会所用的茶室就大多装饰华贵奢靡。而随着足利义满对斗茶的提炼和书院茶的发展，又出现了新的茶室——同仁斋。同仁斋是幕府第八代将军足利义政的书房兼茶室，也是日后由村田珠光和千利休所开创的草庵风茶室的雏形。同仁斋中正对采光隔扇处设有一书案，书案旁贴墙设有高低错落的两层书架，透过隔扇可以看到庭园中画卷般的景观。整个屋内并无太多陈设，只借由光影和线条勾画出日式的空间感。这也是茶室首次由开放宽阔的空间向小而封闭发展，四叠半的榻榻米设计也广为后世学习采用，甚至成为一种茶室建筑标准。茶室原先的娱乐性质被削弱，以同仁斋为代表的书院茶室开始构建一个稳定的空间，为追求饮茶礼仪和私人体验的人提供合宜的环境。这一阶段茶室的变化适应了这样的社会背景：应仁之乱以后，日本的上层社会对战乱产生了厌倦，在无常观和禅宗的影响下，人们开始寻求对个人修养的关注。茶室相当于在生活中开辟出的一个相对独立的空间，使得在其中饮茶的人能够寻求内心的平静与自由。

如果说书院茶室还是单一地聚焦于室内设计，那么发展到村田珠光和千利休的草庵流时，茶室已经成为一种综合性的建筑设计。到这一阶段，因侘茶的发展，茶道已不再是单纯的饮茶行为，而是更多地加入了禅宗的理念，成为一种艺术化的体验，茶室也相应地衍生

$1 \left| \begin{array}{c|c} 2 & 4 \\ \hline 3 & 5 \end{array} \right| 6$

1~6火学社按照原始尺寸修复的茶室待庵

出了设计需求。草庵风茶室不仅将茶室设计的范围拓宽到屋外的露地，还将茶室的内涵表达延伸到用材配色等不起眼的细节处，着意于塑造茶室的哲学及美学意义。

草庵风茶室在外观上与真正的草庵相似，选材一般只有沙土竹木、茅草麦秆。不加处理的原竹作架，以稻秸掺入沙土涂抹成墙，加上茅草作顶，故茶室也有"茅屋"一称。这种脆弱不定的房屋状态也正是无常观的体现。

从结构上来看，广义上的茶室可以分为：狭义上的茶室、水屋、门廊及露地几部分。水屋一般在茶室的左边，用于准备茶会和清洁茶具。而露地则是连接门廊和茶室的甬道。

狭义上的茶室是主客对坐，正式点茶、饮茶的一间屋子，细分布局还会依据季节变化。一般来说，固定的布局有点茶席、贵人席、客席和凹间。冬季会增设地炉，还要举办开炉茶会。点茶讲究水要正好沸腾，地炉就有烧水取暖的作用。客席一般靠近入口，而点茶席通过茶道口与水屋相连通，用于进行点茶的流程。凹间即壁龛，在传统茶室设计中正对入口，本身四棱不齐，反对修整用漆，往往用于悬挂装饰字画、放置插花等，除此之外茶室一般三面皆墙，别无他饰。而选择什么样的字画也是表现茶室主人性格气质的一个重要途径。客人入室后须得先参赏壁龛里的字画装饰方为尊敬。也因为壁龛的重要性，利休将壁龛正前的榻榻米定为贵人席。茶室中还有以顶棚的高低之分来表示主客互尊互谦的设计。茶室的顶棚多由原竹制成，高处对着客座，以示对客人的尊敬；

主座则在低处的正下方，表达茶室主人的谦逊。而另一处表达禅宗"无我谦卑"的设计，正是日本茶室最独特的入口。这种"非跪行不能进入"的入口在世界范围内的建筑设计中都是罕见的。茶室的标准入口高约 73 厘米、宽约 70 厘米，构建入口的用料通常也由两块旧木板拼接而成，内侧加有横框，禅宗理念的巅峰时期甚至对固定横框所用的钉子都不加遮盖，任其露出。任何人出入茶室都必须躬身膝行，这也是无论身份地位尊卑，在茶室中众生平等的体现。

因入口低狭，四面围墙，为通风采光，茶室往往会在墙上设窗，分为"墙底窗"和"连子窗"。如前文所提，茶室的墙壁是由竹子作架抹以沙土，"墙底窗"就是在涂抹时留下一个小口，糊以白宣，自然成窗。连子窗则是加入竹条作为支架，通常会开得比较大，作为主要的采光途径。两相结合，高低错落，即便茶室狭小也不至于让人感到逼仄，甚至借由日头东升西落，进一步丰富了屋内的光线变化，避免了单调重复。

受禅宗影响，茶室各处都在回避对称的设计。顶棚不会平齐，开窗要求高低有别，就连设地炉也绝不能设在茶室的正中间。特别是在面积小于四叠半的小茶室中，榻榻米往往不能铺满茶室，这时就会用木板填充，称为"增板"。

就建筑设计而言，茶室始终在向自然的状态靠近，用材追求原始，配色淡雅和谐，依托禅宗的理念，以期在俗世中开辟一个独立的空间。

这个空间的入口，就是露地。

露地，即茶庭，是一种以茶道文化为内核的园林形式。千宗旦在《茶禅同

一味》里曾提到："脱离一切烦恼，显露真如实相之故，谓之露地。" 露地因其使人摆脱俗世的伪饰与虚无，显露真实而得名。步石崎岖，矮松成林，加上拙朴的石灯笼，营造出一个幽静出尘的氛围，让茶客能够强烈地感受到与现实隔绝。露地里的中门多是原竹所制的小栅栏，分开内露和外露。茶客们在洗手钵前洗手、漱口，一是清洁，二是涤荡俗尘，此后才正式地进入茶室。可以说，露地是茶道文化在茶室设计中的表现之一，是草庵风茶室不可分割的一部分。

随着侘茶成为日本茶道的主流，以千利休的待庵为代表，包含露地在内的一整个草庵风茶室也成为日本茶室的典范，这正是如今我们最常见的日本传统茶室的本源所在。虽然茶室自身的功能性已经极大地被压缩，建筑设计甚至可能显得孤寂简朴，但其内涵仍然是非常具有风格性、仪式性，以及文化性的。无论是露地四时不同的景致，还是透过窗映在室内的光影变化，都在彰显时间与无常，这也正与日本文化中"一期一会"的理念相印。而在建造材料上对自然的追求和朴素的结构，都是在构建一个极简的环境，让人在最有限的物质中摆脱俗世的负累，转而关注并追求精神世界的丰富和内心的强大。这又与禅宗所说的"以精神的富足将物质的不完美转化为完美"相合。在四叠半甚至更小的空间里，茶道的精神得以无限延伸。

真・行・草——茶道具与茶室的“格式”

真·行·草——茶道具と茶室の「格」

◎胖蝉／文
◎台北故宫博物馆／供图

1《蜀素帖》局部 行书 米芾
2《自叙帖》局部 草书 怀素
3《宋拓多宝佛塔碑册》楷书 颜真卿

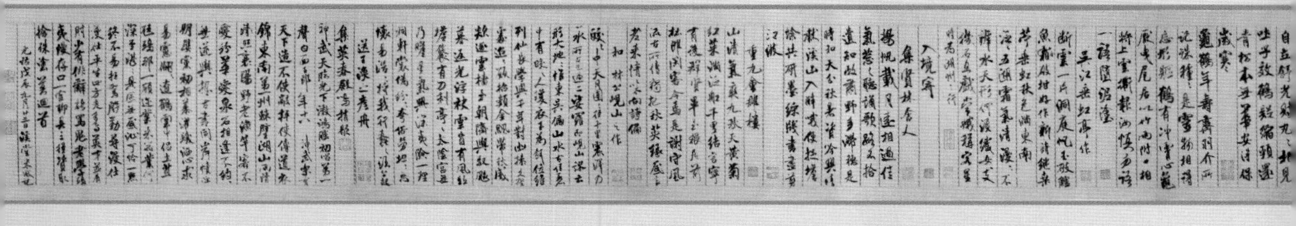

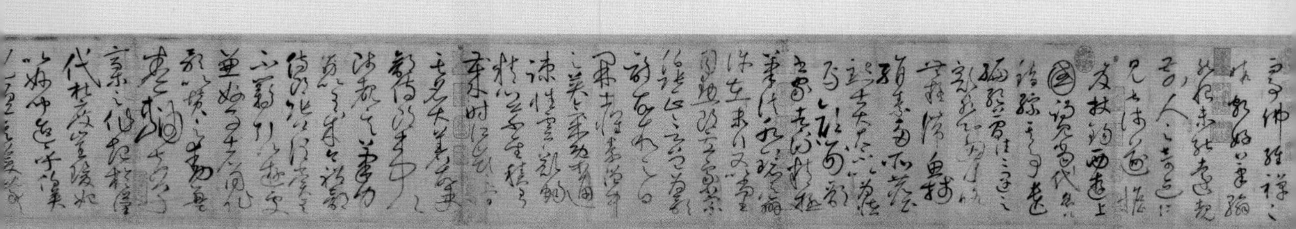

生于传统家庭的孩子们往往会在父母的威逼或利诱下习字。眼瞅着玩伴们在院里打闹撒欢而自己只得宅在家里写大楷也成了文人雅士回忆录中"吐槽"的热点。童子功扎实后,多数人遂不再甘于写楷,一笔秀逸舒展的行书才是文人标配,其中修为颇高的会涉足草书,而豪放不羁的狂草,更是大文豪的专利。

楷、行、草,循序渐进,从中规中矩到挥洒自如,再至破格狂放,可以看作一个修为逐步提升而表现力递增的过程,亦可看作从一笔一画,一丝不苟到一笔到底,一气呵成的过程。要领悟草书的境界,楷与行才是捷径,将笔触与结构熟记于心,方能达到随心所欲却不逾矩的良好状态。没有基础的人挑战狂草,必然只能落得个"如蟹爬沙"的评价。

对日本人来说,汉字与茶都是天朝上国的舶来品,是值得反复玩味的文化精髓。日本对汉字的认识是立体的,不只局限于字面,对字体的理解也有独到之处。由楷书到草书,书法中循序渐进的内在逻辑同样深深地烙在了日本的传统艺能中。"楷"即"真",是书法的基本式,一切变化的本源,同样也象征着严肃与端正的极致。"草"则是洒脱随意而不拘形式的另一个极端,破格之美的代表。"行"则把持着介于两者之间的范围。茶道中,从茶道具的格调高低,使用场合与搭配规律,到点茶仪轨的繁简,再至茶室的空间分割,设计布局,每个细节都渗透着真行草的格式思想。本篇中,我们就以茶室和茶道具陈列为例,从应用角度一窥茶道的格式之秘。

真台子

当代茶道中的茶室按照面积大小可分为广间与小间，二者以经典的四叠半为界，面积比四叠半更大的称"广间"，反之则称"小间"，四叠半两者兼用。书院茶占据主流的时期，茶空间多为六叠或八叠，因此，草庵茶风的开山始祖村田珠光的四叠半茶室亦被看作茶室的原点，象征着与书院茶的割离与独立。依照真行草的内在逻辑，茶室设计的源流，珠光所做的即是茶室的"真"。

成书于茶道改革剧变期的茶书《山下宗二记》中，就有关于草庵茶两位巨匠珠光与绍鸥的茶室的记载。宗二是利休的高徒，也是一位具有鲜明观点的优秀茶人，最终亦因刚直不阿被当权者杀害。全书渗透着浓重而经典的等级色彩，对研究早期草庵茶的沿革具有极强的参考性。

珠光的茶室早已不复存在，而书中亦无绘图，仅有一些文字记载。但这并不妨碍我们借鉴同时期历史建筑的茶室对珠光茶室的形制进行合理的推断和还原。

书院茶的核心在于贵族式的风雅与用于赏玩斗试的名物陈列，珠光从平民的饮茶风习中汲取灵感，对书院式的茶空间进行了简化与提纯，砍去了对茶事来说不必要的结构，使饮茶的体验更加单纯化、质朴化。然而建于茶风改革初期的珠光"真坐敷"式茶室，仍保留了较为浓重的书院造建筑风格。例如架设幅宽达到一间（古时长度单位）的大型壁龛，保留"付书院"结构，以及用白色和纸糊裱墙壁等，与当代的小间茶室大相径庭。

绍鸥基本承袭了珠光关于茶室的设计理念并保留了经典的四叠半面积，在此基础上对茶室的材质进行了改革，用土墙

进一步突出草庵茶风。

然而，武具商武野绍鸥的豪商背景在一定程度上固化了他的思维，限制了改革的规模。持有众多舶来品名物的绍鸥的茶事仍然以高阶道具为主，独创的竹制清雅配件仅作点缀之用。而他的茶室内，自然也要保留陈列和斗试舶来品的空间。阅读彼时的茶会记可以察知，茶的草庵化在珠光启蒙后的很长一段历史时期内是缓慢进行的，且多有停滞和反复，这种阻力和织田信长施行的茶道政治不无关联。信长南征北战，在征伐有力领主的同时猎取他们持有的舶来品茶道具，大幅强化了"名物"的象征意义。同时，通过将名贵茶具赏赐给旗下将领并授权他们开展一定规格的茶会的方式，将权势、威望、品位与舶来茶道具直接挂钩，给草庵茶的渗透制造了不小的舆论障碍。但兴许，也正是这种由上而下，高度统一化的审美趣味和枯燥的茶器观，令草庵茶的逆袭来得无比迅猛。

如果说武野绍鸥对茶室的改革是相对保守的，那么草庵茶的集大成者利休则几乎重写了茶室的定义。大刀阔斧地裁撤构件，缩小空间，替换建材，潜移默化地规划着客人的视觉路径和五感体验。

首次进入典型的利休风格茶室的客人们，会震惊于它的昏暗、逼仄、无华。刚刚落座，在空间的压迫感下会自然陷入一种难以言表的紧张情绪中，仪式感油然而生。而随着身体对光线的逐渐适应，五感开始变得敏锐，茶室特殊的光影效果反而会给人空间无限延伸的错觉，将茶事的精神性推演到另一高度。

缩小至极致的茶空间不仅让客人可以在极近距离欣赏亭主的点茶技巧，更让客人间的互动显得放松自然，要知道彼时的茶席不仅仅是荡涤身心的场所，更是密谈军机的重地，从剑拔弩张、相互猜忌到推心置腹、和谐圆融，小小的茶室，不知见证了多少历史车轮飞速转动的关键时刻。

利休的理想茶室是"只适合草庵茶事"的空间，排场甚大的高阶唐物茶器摆在这里会显得格外违和。然而质朴并不意味着简陋，将减法做到极致的草格茶席在搭配上对功力的要求更高。

"真""行""草"的格式理念同样渗透在茶道具的方方面面。

茶道初期的繁荣是建立在舶来名物斗试基础上的，唐物天目（黑釉茶盏）和汉作茶入（茶叶罐）无疑是早期唐物崇拜的

核心，虽然在草庵茶的崛起过程中对茶器的主流审美有了变化，但对经典"真"的尊重与敬畏没有丝毫改变。

与书法的修习顺序相反，茶道仪轨中越是接近初始时期经典形态的点茶仪轨，其修习的顺序就越靠后，一方面是因为经典的点茶仪轨需要使用贵重的古董茶道具呈现，手持传承千年价值连城的名物仍能处之泰然、游刃有余地将一杯茶点好，自然是需要经年累月的练习的；另一方面，高规格的茶道具需要相应的礼遇与呵护，不论是对手法的复杂性还是对节奏与美感要求都更高。

与端正典雅的"真"茶道具形成鲜明对比的，便是以素烧陶和竹编器具为代表的"草"格调茶道具。不施釉的柴窑素烧陶有着原始的质感和变幻莫测的发色，极少雷同，而高温猛火之下的塌陷、龟裂、变形又赋予了它们"超越人力所及"的独特魅力，这也是六古窑至今仍在茶席上地位显赫的原因。花器方面，自从利休将桂笼带入茶席，野趣强烈的竹编器物也就成了茶人们的新宠，长久使用中浸润出的温暖颜色和油润质感配搭随意风格的茶席花，呈现出的"无为之美"不论在境界还是视觉方面，相较于价值连城的青铜重器都毫不逊色。

藤森照信与他的茶室学

藤森照信と彼の茶室学

◎meiki／采访＆文
◎増田彰久／摄影

藤森照信，日本建筑史学家、建筑家。曾任日本东北大学名誉教授、东北技术工科大学客座教授、东京大学名誉教授，现住江户东京博物馆馆长。屡获建筑类国际大奖，并有多部建筑学相关著书。其《日本近代建筑》被日本建筑界视为必读之作。他的作品强调运用自然原有的素材、重新建立人与自然的联系。藤森的作品散发的温暖、原始的魅力，触动了当代人对自然生活的向往。这样充满创想的他也被称为『建筑界的老顽童』。

$$\frac{1}{2}$$ 1、2 一夜亭

茶室是日本的传统建筑，但有趣的是，许多日本建筑师即便需要面对茶室建造过程中那些严苛的规则限制，也愿意挑战茶室设计，藤森照信就是其中一位。他是日本著名建筑师、建筑史学家，是大学教授也是一位博物馆馆长。多年来他在世界各地建造了许多充满创造性的茶室，远至澳洲及欧洲地区。藤森照信相信，茶室就是满足建筑师的热情与好胜心的完美存在。

1946年，藤森照信出生在日本的长野县。1974年，他与堀勇良等人自发组成『建筑侦探团』，共同调查日本的西洋建筑。在这个过程中，他们发现日本在关东大地震后出现了许多向是近现代建筑史。1991年，藤森照信的家乡长野县诹访，打算盖一座博

西洋风格外观的商住两用住宅建筑。

筑史学系的研究人员和教师，主攻方之后，藤森照信留在东京大学担任建馆主办人。近年来，藤森先生将自己32岁取得东京大学工学博士学位的创作重心放在了茶室建筑之上，或

川原平、南伸坊等人组成『路上观察时就有所体现。1986年，他又与赤濑对日本建筑的好奇心和钻研精神从那年纪轻轻的藤森，一番研究之后，他们将这些建筑命名为『看板建筑』。

守矢史料馆。学会』考察日本路上建筑。1998年，《明治的东京计划》和《日本近代建筑》荣获日本建筑学会奖论文奖。他以关于日本近代都市建筑史的论文

岁时才开始。而藤森正式的建筑师生涯，在46

舍』获得日本建筑学会奖作品奖，并2001年以『熊本县立农业大学学生『韭菜之家』）获得日本艺术大赏，原平邸温暖悠闲的空间创造』（又称森进行设计。1997年他以『赤濑川

到了一份来自日本前首相细川护照的委托，为了迎接法国前总统希拉克的造访，细川护照需要在其别墅内修建一处茶室招待贵客。

因为时间相当紧迫，所以藤森将这间茶室取名为『一夜亭』。以土、木为原材料，整间茶室矗立在一个小土坡上，周围环绕着植物。这种略带『原始』风味的建筑外观，在藤森先生的很多作品中也有所体现。在此之后，藤森又先后建造了『松轩』『高过庵』等茶室，其中尤以『高过庵』令人感到惊艳。

物馆来保存并展示当地的诹访大社笔头神官所掌管的守矢家史料。藤森照信接下这个项目，做出他的第一个被称为『新绳文派』的建筑——神长官藤森与茶的联结可谓深厚，藤森研究成果。中，藤森展示了自己多年来对茶室的

森为自己的房子『蒲公英之家』做设在此之后，越来越多的人找到藤信接信接受这个项目，做出他的第一个被信接下这个项目——神长官

水的炉。而后，藤森又接到过多次私习惯，便在家中设置了茶室中用于烧计时，考虑到妻子在平时也有饮茶的森的妻子就是一位茶道老师，在藤

一处茶室招待贵客。人或是机构的设计邀请，好巧不巧的也全是茶室的建造。2003年，藤森接

小巧雅致，充满实验性的创意上。在信的家乡长野县诹访，打算盖一座博藤森先生的著作《藤森照信的茶室学》。

1、2 矩庵
3~5 高过庵

藤森先生坦言，每当他替别人建造的茶室完成的时候，他总有一股想要占为己有的冲动。他觉得茶室虽是一个很小的空间，却让人感到亲近，就好像穿在身上的衣服一样，让人舍不得放手。出于这样的原因，藤森开始为自己建造茶室，于是就有了那个高高悬挂在两棵栗子树之上的『高过庵』。

藤森觉得，树干的姿态决定了房屋的样貌，所以只能依照已有的条件完成建筑。他说，由于『高过庵』建造之时被脚手架包裹，所以并没有什么感觉，当茶室建成，所有的脚手架被拆除后，藤森才反应过来：『怎么那么高啊！』茶室离地面约有 6.5 米，因此取名为『高过庵』。依靠附在树干上的木梯子登上茶室，人爬上去时还会摇晃，就像小孩子的秘密树屋一样。

不过因为实在太过危险，在 2010 年『高过庵』还被美国《时代》杂志评选为『世界上最危险的十大建筑物』之一。

与『高过庵』有异曲同工之妙的建筑，恐怕就是 2006 年藤森先生在山梨县清春艺术村内修建的茶室『彻』了。

清春艺术村正如其名，是山梨县内的一块艺术创意园区，邀请了许多日本知名建筑师参与整个园区的规划和设计，藤森也在其中。茶室『彻』建立在一棵80多年树龄的樱花树上，距离地面有 4 米左右的距离。到了每年的樱花季，于茶室之中细品一碗清茶，抬起头，不经意地瞟一眼窗外，伴随窸窸窣窣的声响，樱花花瓣正从树上飘落。樱花配清茶，真是再妙不过了。

无论是在书中还是在采访中，藤森先生都一再强调茶室的重要性，茶室是藤森心目中建筑的原点。

追根溯源，日本的建筑脉络最早可以归为两类。一类是绳文时代的竖穴住宅，在日本住宅的演变历史中，竖穴住宅的特征是从地面不断地向下挖掘、扩大居住空间。但遗憾的是，人们只能从遗址中考察了解其表面、地炉、房屋内梁和竖坑这些基本构造。本应建在其上部的木结构建筑在数千年间已经腐朽，无法辨别。这种防寒式建筑在日本早期的农村或是渔村内有很多。大正时代之后，曾经的『竖穴住宅』演变成为日本的民家。除此之外还有另一类——『高床式住宅』，

1
—
2

1、2茶室"彻"

房屋内的地板会被抬高，以防水为第一目的。这种建筑原本属于贵族住宅，在平安时代则进化发展成了『寝殿造』。

在对日本的古建筑分类有了基本了解之后，我们可以来看看茶室的发展了。日本的第一间茶室起源于600年前。当时日本茶人和贵族之间流行『斗茶』这项活动，并多在书斋内举办。人们为了配合斗茶会更改书斋内的摆设布置，在室内摆上与佛教相关的挂画，在画作前摆放香炉和插花，还有当时最为流行且珍贵的从唐朝漂洋过海而来的『唐物』茶壶，而后在室内摆放与人数对应的桌椅。藤森将这个斗茶兴盛的时代称为『欲望全开』的时代。斗茶从中国兴起，在那时传入日本，在粗略研究唐宋斗茶的礼仪技法和规则后，日本又加以发展，在斗茶中不单单使用『唐物』或是『宋物』的茶具，也会使用一些从东南亚购入的『异域风情』器物。藤森觉得，斗茶激发了当时人们的创造力，使日本茶文化从此兴盛发展。

进入足利义政的室町时代，在书斋中斗茶的潮流变成了『殿中斗茶』。这个『殿』指的是当时武家将军们的内殿，斗茶也是当时上流阶层的饭后休闲活动。『殿中斗茶』其实也可以称为『桌台斗茶』。原来在书斋中举行的斗茶或是所谓的茶会是将各个茶道具或是饰物分散地摆在每个茶客的桌子上，『桌台斗茶』则是将所有的茶道具摆在一张桌上，茶人围绕着桌子而坐，开始茶会，以『茶』为中心营造出空间。就这样，从单纯对中式斗茶的模仿，日本开始发展出有自己风格的『饮茶空间』。

茶室『草庵』的建立标志着茶室的成形。『草庵』多为原木结构，使用土墙，梁柱暴露在外。茶室内设有壁龛，入口矮小，任何人出入茶室都必须弯腰或者跪着进入，这样狭小的入口象征着进入的茶客可以与原来的尘世告别，进入茶的侘寂空间。

如果想要探寻千利休修建的茶室「草庵」的本源，首先需要了解镰仓时代的草庵的含义。远离都会，在草丛深处所修建的狭小住宅被称为「庵」，因为「庵」的屋顶多是用干草打结铺盖制成的，这样的建筑，即为「草庵」。抛离「财色名食睡」的凡尘俗世，选择出家成为僧侣的人，多住在草庵内进行佛法的参悟。「草庵」这种略显贫寒的建筑，仿佛就是凡尘俗世的对立面一般的存在，与「欲望全开」这个词相对的是佛教中的用语「顿悟」，而与物欲横流的都会形成对比的场所便是「草庵」。

藤森对于茶室建筑的执着主要源自利休。以利休对茶室的要求为基础，藤森先生提出了他自己的茶室理论。其一，茶室应该是反观于时代、社会和世界，相对于个人，私人化的存在空间。其二，茶室是「极小」化的建筑，茶室的建造应该是原始且质朴的。其三，小空间、封闭性、火的投入是茶室的三个基本要素。其四，以这三个理论为基本，探索茶室与人的联系。

藤森先生曾多次受邀到中国台湾进行访问和建造茶室，位于中国台湾新竹的入川亭便是藤森的作品。藤森的「脑洞」可能你怎么猜也猜不到，这次他又把茶室挂在半空中了，而且比「高过庵」还要高。茶室底部的支撑选用了当地特产的巨竹，这间茶室高高地耸立在一片山林之间，与周围的自然风景融为一体。

藤森先生在书中谈到关于中国茶和日本茶道的问题时，他觉得中国茶更看重茶的味道，日本茶道则看重整个制茶饮茶的流程。而如今注重茶味和茶香的「中式茶」反而开始重视起了茶室，甚至邀请藤森本人去设计建造茶室，在某种意义上，他认为这是现代日本茶室的不幸。

看过藤森作品的人，都说他的建筑给人一种亲切感；一种回归自然的味道。藤森本人将这种「回归自然之感」解释为是那些简单的泥土或是木瓦材料，唤起了人类藏在内心深处对于自然的那份最原始的亲切感所致。对于设计他总是回归到文明的开端，用随处可见的材料进行创作，引发了人们的共鸣。

专访
藤森照信

"茶室是世界上能将人与建筑本身联结得最紧密的建筑物。"

知日：对您来说，茶室是什么样的存在？

藤森：极小的美。将不必要的物品和空间全部去除，只留下不可或缺的物品及其功能性，从这之中孕育而出的"极小的美"。

知日：您最开始对茶室产生兴趣的原因是什么？

藤森：是在我意识到茶室之中有火的存在之后。

知日：在您2003年的作品茶室"一夜亭"中，您打破了固有的茶室概念，头一次在茶室内开了巨大的窗户。您当时是怎样考虑的呢？

藤森：对于平时鲜有机会接触茶道的人来说，密闭的茶室空间会让人感到窒息。其实在举行正式的茶会时，所有的窗户都放下障子营造密室的环境，这一点是肯定的。

知日：从建筑学的角度来看，您如何看待茶室与人之间的关系？

藤森：茶室是世界上能将人与建筑本身联结得最紧密的建筑物。

知日：您曾经说过"四叠半的茶室是日本人居住的原点"。关于这一说法您能向我们解释一下吗？

藤森：日本住宅的原点应该是绳文时代的竖穴式住宅，而它的面积在四叠半左右，在住宅中央还会燃烧篝火，这其中的火元素和四叠半的面积都和之后才产生的茶室有异曲同工之处。

知日：您觉得日本茶道和中式茶之间的区别和其中的联系是什么呢？

藤森：中国茶会对味道进行深刻的探究，并且在古代会选择在既存的庭园或是书斋之中举行茶会、饮茶等活动。在这点上日本和中国有很大的不同。关于两者间的共性，我想大概是中国宋代的美学意识对中国茶和日本茶道中都产生了深刻影响吧。

日本茶庵巡礼

日本の茶庵巡り

◎风蚀蘑菇 — 文
◎司北 — 摄影

西芳寺 | 湘南亭

西芳寺是京都市西京区的寺院,但它更著名的别称是:苔寺。这座寺庙的历史非常悠久,经历也很丰富。它最早是飞鸟时代圣德太子的别庄,到奈良时代,得到天皇敕愿,僧人行基将庄园改成了寺院,更其名为西方寺。

多年以后,寺院已经荒芜不堪,到室町时代邀请了造园高僧梦窗疏石,来对西方寺进行改造振兴。梦窗疏石中兴后,把寺名改为西芳寺,"西芳"的由来与达摩祖师的"祖师西来"和"五叶联芳"有关。后来又经过多次战乱、天灾、荒废、修复,江户时代遭遇两次洪水,原本的枯山水长出了青苔,而苔寺之名也从此诞生。

西芳寺里的茶屋"湘南亭"建于梦窗疏石时期,荒废后被千利休的次子千少庵改建为茶室。这个茶室最大的特点是在开放式庭园中巧妙地嵌入了茶室,看起来是一个 L 形的凉棚,实则廊下之间、次之间、次之间北侧茶室依次排列,秩序井然。

高台寺 | 伞亭

高台寺 | 伞亭、时雨亭、遗芳庵、鬼瓦席、湖月庵

高台寺同样位于京都市东山区，正式名称是高台寿圣禅寺，为丰臣秀吉去世后，其妻宁宁夫人为其祈祷祈福所建，以须弥坛和佛龛上绘有华丽的莳绘（漆工艺技法之一）而闻名。高台寺同样是草庵茶室最集中的展示地之一。高台寺内有 5 个茶室，分别是伞亭、时雨亭、遗芳庵、鬼瓦席、湖月庵。

伞亭在高台寺最东边，据说是从现京都市伏见区桃山地区的伏见城迁过来的，又有传言说这是千利休所建。但伏见城是在千利休死后才建起来的，所以这个传言的真实性也存疑。伞亭是非常典型的草庵茶室，草做的屋顶尖尖的，就像唐伞一样，内部的天花板是竹子做的，所以得名"伞亭"。时雨亭在伞亭的正南面，是少见的两层式茶室，据说也是从伏见城迁过来的，也有和千利休有关的传说。伞亭和时雨亭是分开造的，现在两者之间相连的走廊，是后来迁到这里时附加的。

遗芳庵、鬼瓦席、湖月庵都在高台寺的西北角。遗芳庵是一所田舍风的茶室，有标志性的大圆窗户，鬼瓦席则是个四叠半茶室。这两个茶室传说是 17 世纪的商人兼文人灰屋绍益为怀念夫人吉野太夫所建，但从建筑风格推断应是后人为纪念他们而建的。吉野太夫早年是才貌双全的名妓，琴棋书画无一不精，与灰屋绍益结婚后年仅 38 岁就去世了。这两个茶室之前是建在灰屋绍益的旧宅邸里的，1908 年才迁到高台寺。

湖月庵是 5 个茶室中最大的，也是高台寺原生的茶室，而非外迁来的。宁宁夫人出家后号"高台院湖月尼"，湖月庵也得名于此。现在的湖月庵是高台寺茶席体验的主要地点，高台寺夜月茶会可是很有名的！

高台寺 | 时雨亭

高台寺 | 遗芳庵

银阁寺 | 同仁斋

银阁寺 | 同仁斋

银阁寺正式的名称是慈照寺，前身是足利义政退位后倾尽全力所造的山庄"东山殿"。东山殿历时 8 年，才在足利义政去世前建起来，有会所、常御所等大规模建筑。但留存至今的只有观音殿（银阁）和东求堂。

东求堂是足利义政的佛堂和茶室，建于 1486 年。该楼正面的左侧为佛殿，右侧是足利义政的书房和茶室"同仁斋"。同仁斋之名取自韩愈的文章《原人》："是故圣人一视而同仁，笃近而举远。""同仁"意味着平等的爱，"斋"为净化心灵的空间。

同仁斋是日本最早的"书院造"建筑，也是日本历史上最早的茶室。村田珠光是足利义政茶道上的老师，所以村田珠光的审美趣味和理念主张，深深地印刻在了同仁斋身上。而同仁斋也是日本历史上第一间四叠半茶室，意义非凡。慈照寺的银阁和东求堂，也被列为日本国宝。

大德寺 | 大慈庵

金福寺 | 芭蕉庵

金福寺位于京都市左京区，始建于864年。原本是天台宗的寺庙，但荒芜了数百年之后，在17世纪由铁舟和尚重建，改宗为临济宗南禅寺派。金福寺最有名的建筑是芭蕉庵，是一座和千利休建的待庵相似的三叠台目茶室。

芭蕉庵听名字就知道，和著名俳人松尾芭蕉脱不了关系。松尾芭蕉是铁舟和尚的好友，他在京都游览时就来到这里，在庭园后的草庵与铁舟坐而论道。这座草庵茶室，就成了后来的芭蕉庵。

后来，敬仰松尾芭蕉的俳人兼画家与谢芜村来到这儿，给松尾芭蕉画像、写文纪念，并于1776年重新整修了金福寺和芭蕉庵。与谢芜村去世后，也葬在金福寺，两位诗人穿越时空的友谊，令人称道。

金福寺 | 芭蕉庵

光悦寺 | 大虚庵

光悦寺位于京都市北区鹰峰上，山号大虚山，是江户时代初期的书法家、陶艺家、艺术家本阿弥光悦，在德川家康所赠予的土地上结庐所建。光悦去世后，宅邸变成了寺庙，现在寺内还有光悦的墓碑。

大虚庵是光悦寺里的茶室，"大虚庵"本身也源于光悦住所之名。现有的大虚庵是1915年新建的，由商人土桥嘉兵卫捐赠，速水宗汲设计。之后光悦会又进行了改造，把当初三叠台目的面积改为更宽敞的四叠二台目，还把正面原本可以直身进入的贵人口改成了必须屈身的蹭口。

那这个光悦会又是什么呢？其实，这是本阿弥光悦创立的一个茶会，每年11月在光悦寺举行，流传至今。

三溪园 | 听秋阁

三溪园并不是某个古代名园，而是实业家原富太郎于1906年于横滨造的一个庭园，占地面积17.5万平方米，园内共有17座各类古建筑，均为日本保护建筑。

三溪园中的茶室之一，名为"听秋阁"，1623年建成，是德川家光命令茶人佐久间实胜在京都的二条城建造的，当时称为"三笠阁"。德川家光把它赐给了乳母春日局，1881年春日局的孙子稻叶正则又把它迁到了东京。但没过多久，1922年它又移到了三溪园，从京都到东京再到横滨，一路折腾。好在到了三溪园后，它从此改名听秋阁，再也没换地挪窝了。

桂离宫 | 松琴亭

桂离宫是京都市西京区的皇室建筑。建于17世纪，当时属于皇族八条宫别邸的一部分，总面积约6.9万平方米。从前这里被叫作"桂别业"，1883年才改名为"桂离宫"。它的书院是"书院造"建筑，又在其中融入了村田珠光的数寄屋风格，虽贵为皇宫，屋顶却为草制。因为建好以后几乎没受到损坏，所以它也是日本宫廷文化的精粹。

桂离宫的茶室叫作松琴亭，就在池塘东边的小岛上，对着古书院，约56平方米大，挂有后阳成天皇手书牌匾"松琴"。因为建于小岛北侧突出的位置，所以东、西、北三面临水。松琴亭最大的特点是屋顶结构复杂，多种屋顶建造方式互相交织。房间里有蓝白方块的图案装饰，这叫市松纹，也是桂离宫的标志之一。

两足院 | 水月亭

两足院在京都的大小寺庙中，算是颇为神秘的。它平时不对外开放，每年只在 6 月底至 7 月初举行"半夏生庭园特别参观"。说起来，两足院历史也很悠久，650 多年前就建立了。比起其他经历坎坷的寺庙来说，两足院幸运得多，引以为豪的都是美丽的事物：白沙和青松组成的"唐门前庭"、桃山时代的枯山水园"方丈前庭"，成为京都府指定名胜庭园的洄游式庭园"书院前庭"和坪庭"阏伽井庭园"。

初夏时节，短短几天，"书院前庭"的池边，满庭半夏的叶子就会由绿变白，开完花后又急速变绿，翠绿与洁白交错煞是好看。不仅有花花草草，两足院中还有两个茶室，一个名为临池亭，一个名为水月亭。水月亭是仿照千利休的弟子织田长益喜爱的如庵所造。二叠半台目的狭小空间，与室外的敞亮绿意对比，自有一番风情。

金阁寺 | 夕佳亭

金阁寺本名鹿苑寺，是足利义满所建，以舍利殿贴满金箔闻名。这个传奇的寺庙于 1950 年被烧毁，1955 年重建，现在已成为世界文化遗产。

　　很多人不知道的是，金阁寺内也有一个茶室。它名叫夕佳亭，是 17 世纪的武将兼茶人金森宗和喜欢的茶室。它的屋顶是寄栋造式的草屋顶，即整个屋顶由四个面拼接组成。与金阁寺的厄运一样，不幸的夕佳亭于明治初年（1868）被烧毁，现存建筑是 1874 年重建的，1997 年又进行了拆卸维修。夕佳亭最有名的是它的一根屋柱，是用少见的整根南天木做成的，歪歪曲曲没个柱子样，非常显眼。

青莲院 | 好文亭

青莲院位于京都市东山区栗田口地区,与三千院、妙法院合称为天台宗的三门迹。"门迹"是指皇室或者贵族子弟入寺的寺院,而青莲院则是许多皇室亲王出家后担任住持的寺院,在江户时代还曾经是临时御所,所以也有"栗田御所"之称。

　　青莲院中也有一个茶室,名为好文亭,是青莲院作为临时御所期间使用的茶室。主室是四叠半台目的茶室,另外还有三间四叠半的房间、水屋、佛堂等。虽然与皇室国戚多有接触,但青莲院和好文亭的命运依然曲折。1893 年,青莲院遭火灾,大部分建筑被烧毁。1993 年,极左暴力党派"中核派"又一把火烧了好文亭,直到两年后它才得以重建起来。

梅宫大社 | 池中亭

看多了在寺庙中的茶室，我们来看一个在神社中的。位于京都市右京区的梅宫大社，是平安时代的四姓（源平藤橘）之一的橘氏的神社，主要祭祀与酿酒有关的神。因橘嘉智子皇后在这里祈福后顺利产下了仁明天皇，所以梅宫大社也是求安产的神社。作为梅宫大社的标志，满院梅花使这里成为一年一度的京都赏梅胜地，而每年的"梅宫祭"也以古雅而闻名。

　　作为佛教文化结晶的茶道，似乎与这里格格不入。而梅宫大社的茶室——池中亭，其历史也确实比神社短得多。池中亭顾名思义，是1851年在咲耶池中的岛上建造的，这个草庵茶室也被称为"芦屋"，出自《百人一首》中源经信的诗："夕（ゆふ）されば 門田（かどた）の稲葉（いなば）おとづれて 芦（あし）のまろやに 秋風ぞ吹く。"意思是："田野暮苍茫，风吹瑟瑟凉。稻田甫掠过，又到芦屋旁。"

中岛公园 | 八窗庵

虽然日本大多数名茶庵都在京都，但一些偏远之地（例如北海道），也是有茶庵踪影的。现存于北海道札幌市中央区中岛公园内的这座"八窗庵"，就是一例。而它的命途多舛，也让人感叹。

八窗庵最初是由 400 年前的茶人小堀政一所建的草庵茶室，但当时建造的位置是在小堀政一住的小室城内，即现在京都附近的滋贺县。顾名思义，八窗庵有 8 个窗子，分别为 3 个连子窗、4 个下地窗（枝条编格窗）、1 个突上窗（用支棍向上开的窗）。

江户时代末期，它从小室城内被搬到了长浜市川崎町的圆教寺、长浜八幡宫的俊藏院、长浜市的舍那院。1919 年，又被札幌市的实业家持田谨也买走，1925 年在札幌市从部件再组装起来。这次组装好后，增设了水屋和一个名为"三分庵"的四叠半茶室。

1971 年，八窗庵被捐献给了札幌市，并被迁到现在所处的中岛公园内。不幸的是，为了保护建筑不被北海道的积雪压坏，政府在上面加了一个上屋，2005 年 3 月，上屋倒塌，八窗庵、水屋全部被损坏，三分庵半毁。事后修补时，师傅尽量使用原材料，在原有基础上加固"修旧如旧"，2008 年终于修缮结束。

茶陶简史：从高丽茶碗到国烧茶碗

茶陶略史：高麗茶碗と国烧茶碗

◎胖蝉／文
◎大都会艺术博物馆、胖蝉／供图
◎meiki、王宇翔／编辑

如果说乐烧深邃的黑与洗练的形是和现代艺术观契合度极高的"超前审美"，那么赏鉴"质拙"甚至"粗笨"的高丽茶碗，无疑需要更深厚的学识沉淀。不少人坦言，在听过高丽茶碗倾国倾城的传说或是看过一纸令人咋舌的价签后，无论如何都难和眼前这件其貌不扬的"破碗"联系起来。其中不乏激进者，他们认为高丽茶碗和艺术相去甚远，甚至应该被看作对正统艺术的背叛。

这并不奇怪，毕竟早期的绝大多数名品茶碗都是出自普通工匠之手的实用器，在朝鲜本土与艺术无缘不说，用途也和风雅无丝毫瓜葛。许多茶碗原本的用户群是广大体力劳动者，用户诉求无非够大、结实耐用，还要足够廉价。做完农活可以捧着它蹲在路边吃顿饱饭，磕碰了不碎更好，碎了也不至于太心疼。

而令人更加费解的是，高丽茶碗得宠的时代正是景德镇的鼎盛期，彼时的朝鲜半岛也不乏更优的御用瓷。更有甚者，在高丽茶碗一器难求之前，茶器的顶点属于端正华美的天目茶碗（建盏和华北油滴）和青瓷，为何日本茶人会弃优择劣，执着地选择了不讨喜的它呢？这要从茶道内在哲学思想的变革和草庵茶的崛起说起。

村田珠光画像

高丽茶碗流行的本源，在于对茶之道内在哲学意义的重新认知与茶人审美取向的扭转。室町时代的书院茶是贵族财富与影响力的竞技舞台，高贵稀有的茶器、花器，精致甚至浮夸的茶习广受推崇。彼时，茶是高贵、狭隘而肤浅的。在之后的百年中，情势出现了逆转，由村田珠光开辟的"草庵茶"（侘茶）一扫空洞的奢靡之风，一跃成为官民茶事的主流。悟透"完美并非美之至高境界，一轮明月若无乌云陪衬，实在无趣"的村田珠光主张茶人应摒弃直白的华美，用心洞悉并发掘生活中直击心灵的自然之美，次代茶人领袖绍鸥则将此理论继续推演，强调茶人要有凌驾于大众的审美眼光和创造美的能力。战国晚期，草庵茶的集大成者千利休与同时代的门徒们确立了其在茶道中的统治地位，相应地，附着于草庵茶的整套审美取向也随之定型。

在草庵茶的崛起过程中，华美的舶来品天目茶碗和青瓷茶器遭到了来自哲学维度的强烈鄙视，对符合新思潮的新晋"茶碗之王"的发掘也随之拉开了帷幕。这一思潮一度波及从中国舶来的陶器：一反端正华丽审美的粗糙"珠光青瓷"与二重施釉光泽黯淡的"灰被天目"（黑釉茶碗）都曾崭露头角。然而茶界呼唤的是更彻底的改革，时势造英雄，极尽质朴的高丽茶碗迎来了自己的王朝。

"见立"指将本不是茶器的物件应用到茶席中的行为，利休就是历史上最著名的见立达人，他将鱼篓转用作花器的故事广为传颂。然而高丽茶碗的伯乐并不是利休，在更早的时期，它已被日本茶人发掘，带入了茶席。

彼时的茶人聚集地是日本的对外贸易中心，而需要庞大财力支持又与权臣来往甚密的茶人们，大多也是家境优渥的豪商，从事基础贸易和物流仓储业之余，往往还拿着贸易过程中搜罗来的海外稀罕物们斗试、显摆，择其优者进贡或销售给贵族和领主们。"高丽茶碗"是一个非常宽泛的概念，涵盖了朝鲜半岛各个时代烧造的陶瓷器，其中不乏华美的高丽青瓷和稀少价高的李朝白瓷，然而被历史选中的，恰恰是一只枇杷色的饭碗。

在一众平淡无奇的粗陋饭碗中，有一只格外耀眼。发色恰到好处的温软枇杷色釉面泛出迷人光泽，在本国窑口从未见过。碗壁的滑润曲线隐隐透出粗放却又满载力量感的拉坯痕迹。釉面上细密精致的开片在阳光下熠熠发光，而碗底部的高台处，挂釉厚度不均导致的缩釉则又呈现出梅花皮一样的奇妙质感。我把它捧在手里，比画了一下，虽说体量有些偏大，但仍爱不释手，于是重金赏了跑腿的小厮，把它包起来放进随身的木箱里。

在自己的茶室里用了一月有余，碗内和口沿的开片已经开始着色，釉面因为频繁擦拭消了火光，越发柔和了。今日的茶会上我第一次带它出来示人，北向道陈那厮便把它拿在手里反复玩赏，求转手不成又千方百计地刺探出处。茶会结束后我立刻修书通知商队，高丽茶碗遇品相佳者，一律重金收购。

在某个茶人的私人记录中，或许可以找到这样的文字。

高丽茶碗流行的历史必然性

兴许是一次偶然的邂逅让本为平民食器的高丽井户茶碗升堂入室,而纵观历史,这境遇却在相当程度上有着必然性。彼时日本的烧造技术相对落后,美浓的大窑不仅能效低而且稳定性差,高投入低产出促使具有商人面孔的茶人将目光投向海外。在唐津烧等朝鲜系本土窑口和茶陶乐烧崛起之前,产自朝鲜的舶来品茶器利润丰厚,是绝佳的商材。

彼时朝鲜使用先进的登窑,烧制温度和稳定性均处于较高水平,成品虽质地坚硬,却因当地的土质保持了相对良好的吸水性,符合抹茶碗对于热传导的特殊要求。在长期使用中,釉面开片会着色形成具有鉴赏价值的图案,在质地疏松处,茶汤还会渗入胎底形成颜色较深的斑块,更加契合了茶人对于侘寂审美的诉求。

同时,不满足于发现与发掘的日本茶人亦深入当地,纷纷出资在朝鲜订制茶器。优质陶土与先进烧制技术融合了日式侘寂审美,孕育出风格更为独特的作品。进入江户时代后,随着茶人的社会角色发生改变,附着在茶器上浓重的贸易投机色彩也被大大削弱,茶人们更多地将茶碗看作竞技创意和设计的载体,茶碗的艺术性得到了进一步提升。

战争与先进制陶技术的东传

在茶人们醉心朝鲜窑口不能自拔的时候,一统天下掌握实权的丰臣秀吉却在积极筹备入侵朝鲜的战争。两次虽占领范围甚广最终却无功而返的战争间接促进了朝鲜制陶技术的东传,大量被俘至日本本土的陶工也为朝鲜系窑口的建立和蓬勃发展打下了坚实基础。茶名甚高的唐津烧便诞生于这一特殊的历史时期,并在迅速占领市场的过程中奠定了自己茶陶元老的位置,而晚近的萩烧、远州七窑也都是朝鲜系窑口的代表。

在其后很长的历史阶段内,日本茶人在朝鲜的订制与在日本本土的烧制是共存的,在高丽茶碗浸染上浓重日本色彩的同时,日本本土烧造的陶器也更加深入地消化和发展了朝鲜窑口的技术,脱胎换骨,迎来了百家争鸣的茶陶黄金时代。

客观地说,高丽茶碗之于日本茶道的意义和对日本茶陶的深远影响,远远超越了建盏。甚至可以说,日本茶陶就是在它的基础上发展起来的。一方面,在审美层面,高丽茶碗的传入使茶人们得以将草庵茶的理念具象化地呈现出来,另一方面,其温软的质地和丰富的吸水性、保温性又从实用角度勾勒出了一只理想茶碗的雏形。

高丽茶碗的升堂入室和青史留名,可能确是历史的偶然,但绝对是历史的幸运。

高丽粉引茶碗
大都会艺术博物馆收藏并提供

荻烧茶碗
胖蝉收藏并提供

国烧茶碗的崛起

"国烧茶碗"，顾名思义，是对日本本土烧造的绝大多数茶碗的称呼。在饮茶习惯盛行前，分散于日本各地古窑的薪火已燃烧了千年，其中至今仍在烧作的六处名窑被后世的学者们统称为六古窑（濑户烧、信乐烧、备前烧、常滑烧、越前烧、丹波立杭烧）。这些早期窑口烧制出来的茶碗虽然具备丰富而多变的自然落灰效果和坚实的质地，但过度淳朴粗犷的自然釉在舶来陶瓷器"唐物"如珠玉般焕彩悦目的釉面和光滑手感的映衬下，显得粗鄙不堪，难登大雅之堂。彼时的本土窑口陶器与奢侈的贵族饮品毫无缘分，只能延续着作为日用杂器的低调生涯。

草庵茶的得势为茶之境界的诠释方式提供了新的思路，经由几轮思辨和反复，尚朴的土壤开始逐渐厚实起来并最终孕育了茶风的大改革。高贵唐物对茶席的垄断地位开始出现动摇并逐步走向瓦解。彼时，曾被唐物雄踞的大茶人的会记上，国烧茶碗也星星点点地出现在了卷尾。

室町时代末期，六古窑中的濑户烧秉持"濑户天目"率先挺进茶席，在形制和施釉方式上完全袭承唐物天目茶碗，获得了市场的认可。而随着深受草庵茶思想浸润的茶人们开始反思"只要选用得当，国内烧制的质朴茶碗也不逊于高阶的舶来茶器"，日本本土茶陶迎来了历史上第一个黄金时代。

安土桃山时代，这个被现代陶艺家们视为茶陶艺术修为和精神境界制高点的短暂时期，涌现出了太多神秘而充满魅力的茶陶。彼时的制陶中心已由濑户转移到了美浓地区。"黄濑户"、"志野"，包括为后世的茶陶至尊乐烧提供技法灵感的"濑户黑"正是在此时期出现的。星星之火可以燎原，得到茶人们资助的国烧窑口势力越发强大，但因为舶来品根基深厚，所以还不足以扭转局势。而首次将国烧茶碗的地位提升至舶来品之上的，正是草庵茶的集大成者千利休与彼时还名不见经传的工匠长次郎。

$\frac{1}{2}$
3

1 濑户茶碗 兔皮褐釉
大都会艺术博物馆收藏并提供
2 濑户黑茶碗 铁锤
大都会艺术博物馆收藏并提供
3 志野桥纹茶碗 神桥
大都会艺术博物馆收藏并提供

黑乐茶碗几乎打破了彼时茶器的所有规矩，至今仍被视为抹茶碗最经典器形的洗练造型与当时饮茶人们熟知的茶碗形制相去甚远，却具有一种神奇的吸引力。深邃而富有层次的黑完美地衬托出茶色，脱离了拉坯束缚，用双手按捏塑形孕育出的出众手感，特殊烧制方式形成的介于光滑与粗糙之间的凝润触感……乐烧的出色之处太多，其中一部分已经超越了语言表达的极限。

手捏成型、多重施釉与单只烧造严重限制了出品数量，本土烧造的乐烧的稀缺程度直逼舶来精品。而乐烧的史诗性成功更多要归功于茶界名人的提携。那是立于茶人的顶峰，接受贵族敬仰和庶民膜拜的一代巨匠千利休亲自设计、监制、推广，为茶而生的极品。其品位之高，已经超越了金钱能够丈量的范围。这或许就是利休的野心，抑或是苦心：将再度陷入奢侈的草庵茶事的重点从炫富移开，回归创意与审美领域的角逐。而此举，也将茶人从豪商中剥离出来，洗去铜臭，令两者的界限格外分明。茶人，成为一个以出众审美和精妙手法为特长的独立职业。

尽管乐烧在艺术修为领域出尽风头，甚至成为众相追捧的审美符号，但由于产量的瓶颈和价格的门槛，在普及度这一维度仍然缺少有效的突破。在遥远的九州，一场制陶界的革命正悄然兴起。

初代长次郎烧制的乐烧
大都会艺术博物馆收藏并提供

唐津烧在茶陶界有着极其特殊的地位。除却代代陶工潜心钻研积累下的成熟技法和茶人们在审美趣味层面的倾力推崇，奠定唐津烧成功的另一关键因素，在于存量。

在日本，一件茶道具的珍贵程度不仅仅与其艺术成就挂钩，还与它的茶道"阅历"密切相关。在被茶人或高僧授予"铭"开始茶道生命后，茶碗在茶人间的传承记录，长久使用中留下的岁月痕迹，甚至是磕碰之后的锔缮，都沉淀成了历史厚重感。而质地越坚实，存量越大，流传至当代成为资深名品的可能性也就越大。

唐津烧窑口是日本本土第一个从朝鲜引入连房式登窑的窑口，高新技术大幅改善了烧造效率和出成率，也降低了成本，提升了产量。唐津烧遂一跃成为彼时市场占有率最高的茶陶。经历过高温考验的坚实胎质和致密釉层对冲击和温湿度骤变的抗性皆强，为器物的收藏代传提供了有效的保障。数百年后，当同时期其他窑口的传世品一器难寻时，唐津烧仍然硕果累累，屹立不倒。

唐津烧的商业成功奠定了朝鲜系窑口的地位，也给日本茶陶的发展方向定了基调。在它的带动下，一众优秀的朝鲜系茶陶涌现出来并在激烈的技法角逐中高速发展。此时已是江户幕府执掌的太平之世，政局稳定，经济繁荣，家境优渥的官民们参与风雅之事的热情亦格外高涨，众多的参与者在一定程度上冲淡了茶界的孤高，并再次将相对世俗化的审美带入了茶席。直观易懂的华美茶器应运而生，与素朴之器同台，上演一场盛世"宫斗剧"。

江户时代，制陶技术趋于成熟，安定的政局为稳定的需求提供了保证，茶陶窑口遂各显神通展开了角逐，各家都盼自家的茶陶能够早日独占鳌头，在茶席上大放异彩。明确的竞争关系筑就了壁垒，使彼此间的借鉴合作困难重重。在各大窑口强调差别化的大背景下，懂得博采众长、融会贯通的京烧成为新一代的引领者。

京都，昔日的都城，历史悠久的文化中心，也是茶人名工发展的理想之地。尖端人才和技法在此汇集、碰撞，赋予了京烧极大的包容度和富于变化的风格。与此同时，在太平盛世、首善之地的光环下，更多工匠卸去了肩上品位的枷锁，开始尝试制作精致而奢华的器物。对普通爱好者，尤其是对草庵茶理解不深的习茶人而言，这无疑是一件喜事。被高阶审美压抑自身的好恶太久，这种久违的释放感来之不易。身心合一带来的是参与感的显著提高，这也使得民众更加疯狂地追捧京烧。窑口的空前繁荣历来少不了某位名工的推动，京烧的关键推动力便来自青史留名的"京烧始祖"野野村仁清。仁清是茶陶史上罕见的集技术、创意、品位、运势和旺盛好奇心于一身的陶艺巨匠，在贵族茶人金森宗和的全力资助下，参考景德镇的技法，研发并熟练掌握了陶胎彩绘的技术。同时，将中国的瓷绘式样加以解构吸收，融合进日式基调内，华丽却不失典雅，其代表作"色绘鳞波纹茶碗"将端正规整的几何装饰纹样与流釉的动势结合，用不同景深制造冲突感却又不失圆融，实为罕见佳作。而另一位京烧名工尾形乾山则耗尽毕生精力，力图在茶陶的维度上呈现其兄长光琳的"琳派画风"精髓，将太平盛世式的风雅推演至新的高度。在三千家的御用名工"千家十职"中，两个以陶器为业的世袭家族的作品均属于广义的京烧，除去利休时代便已崭露头角的制陶泰斗、茶碗师乐家外，以华美精致的色绘陶器见长的永乐家匠人（土风炉，烧物师世袭名：善五郎）也以出色的技巧征服了千家的茶人们，在茶道具领域获得了极高的评价。

近代，明治政府撤藩置县后，茶人家系瞬间失去了地方政权的财政支持，加之平民的生活方式日渐西化，茶道陷入了空前的低谷期。依附于茶家的茶陶工匠们同样受到冲击，很多被迫以生产销售日常杂器艰难度日。这一颓势一直持续到实业家们四下奔走，将茶道列入学校女生的教育课程才得到彻底改善。而作为茶道人口急速增长的代价，女性修习者激增造成的茶人性别比例失调问题也备受关注。

金彩茶碗
胖蝉收藏并提供

正如有国人评论从青瓷到粉彩是一个审美水平疾速下滑的过程，日本茶陶界也有着同样的论争。极尽素朴的信乐茶碗和繁复雕饰的京烧金彩色绘茶碗按照草庵茶的审美逻辑高下立判，但从一般茶道爱好者的接受程度上看却呈现出完全相反的局面，至今亦然。

曲高者，其和者寡，欣赏门槛太高无疑是商业成功最大的绊脚石，茶人既然以茶为业，那么注定要在自身对孤高品位的坚持和广大修习者的接受度之间挣扎，一些人轻松做出决策，另一些人终身彷徨。而听从茶人号令的工匠们，也在作品中忠实地反映了这份挣扎，以及最终的坚持或妥协。

茶道是否应该凌驾于大众之上，抑或应该放低姿态去迎合大众，这是困扰茶界的亘古难题。站在古今茶道修为制高点的利休教导我们说，茶道的核心乃是待客之心，倾听客人内心的声音吧。而利休的拥趸们格外热衷的，正是他对世俗洪流的挑战以及对权贵审美的不屈反抗。风骨与嚼谷，孰轻孰重，这份矛盾与纠结，可说是选择以茶为业的茶人和陶工们独有的烦恼吧。

传统又前卫的茶陶乐烧

「今焼」であり続ける楽焼

◎胖蝉—采访&文
◎司北—摄影
◎乐美术馆—供图

（本文采访及拍摄日：2018 年 8 月 3 日）

京都猛暑，室外的一切都被晒得烫手，原定在茶室中进行的对谈也不得不挪入会客厅。用过冷茶与茶点，身着便服的十五代乐吉左卫门兀自踱进来，浅浅一礼后各自落座，没有过多寒暄。

真宗师大抵都是低调的，见乐家当代（时任传承人），感触尤深。

原定 1.5 小时的对谈，持续了近 3 小时，限于篇幅不能将整个谈话都呈现给读者，只能尽力选取一些有代表性的章节加以还原。

胖蝉：方才在博物馆拜见了乐家历代的作品。我有个疑问抱持甚久，一直想和当代当面请教：如果说三代道入以及后续各代当主的黑乐茶碗呈现出的是"纯粹而深邃"的黑色的话，初代长次郎、二代常庆的黑乐茶碗的"黑色"显然更加复杂。在光线充足的情况下呈现出的其实是一种复杂的棕褐色。先前探访某个乐烧肋窑时听到的一种说法是，早期黑乐茶碗因为对窑温控制精度不高，所以只能烧制出这种"不纯"的黑色，而后期经历了一系列技术改善后，黑乐便更加"黑"了，请您帮我解惑。

当代：（笑）一上来便是个难题啊！方才你提到的技术问题，虽然彼时的烧窑技术确实存在着一定程度的历史局限性，但从结论来说，初代长次郎的茶碗并非"无奈"烧出，而是"选择"了这种复杂的、耐人寻味的颜色。而这不仅仅是长次郎的个人意志，更反映了幕后的大茶人利休的意愿和审美取向。长次郎的祖先是华南三彩的达人，而源自中国的华南三彩是彼时颜色最为丰富的装饰陶之一。在当时志野、黄濑户等存在感强烈的茶陶的映衬下，乐烧选择黑色作为表现自我的方式着实耐人寻味，黑色本就是一种复杂的颜色，长次郎只是把它的复杂性充分表达出来了而已。

同样，后世作者们也根据自己对于黑乐的理解"选择"了不同风格和质感的黑色，你刚刚提到的三代道入就是风格强烈的一位制作者，于是他选择了更为果断的色彩，但这一改变过程并非不可逆的，在其后漫长的历史时期中，历代当主的作品也不乏对长次郎风格的回归和解构重组。

不过不得不承认的是，即使有了极其充分的研究和足够长久的经验积累，要生动复原长次郎的黑乐釉面效果仍然困难。它们在茶室的昏暗光线下呈

专访
十五代乐吉左卫门

"在现代人看来新颖出色的创意功夫，在当时的时代背景下，每一分突破又何尝不曾是众人口中的'离经叛道'和'匪夷所思'呢？先祖们也定是顶着巨大的舆论压力贯彻着自己的作陶理念。这是乐家的传统，也是我要坚决贯彻下去的东西。"

乐家前当主，"千家十职"之首。乐美术馆理事长。当代日本非常杰出的茶陶艺术家之一，在日本艺术界和工艺界均享有极高的声誉。

自初代长次郎创乐烧以来，乐家一直严格奉行一子相传不设分家的制度，十五代乐吉左卫门自 32 岁袭名以来一直深耕于茶陶领域，由他创造的"烧贯"茶碗技法在日本国内和国际上均得到了广泛认可。同时，十五代也热衷于学术研究，在茶陶和传统艺能领域均有丰富的著述。

2019 年春卸任当代"乐吉左卫门"，以隐居名"直入"继续艺术创作。

现出黑洞一般的深邃黑色，而在光线充足时凝视它，却又浮现出赤、褐、碧、青，这种包罗万象的观感给人带来的视觉冲击是很大的。

胖蝉：确实，比起"烧制出黑色"，"将复杂的颜色、复杂的情绪以及其背后更加复杂的创作理念全部灌入一只茶碗中，得到了黑色"的说法会更贴切。我非常喜欢长次郎的黑乐茶碗，古拙中隐含着动势，凝神注视时可以感觉到它的强劲引力，然后不知不觉地，时间就过去了。

当代：是的，长次郎虽然身处乐家"创烧期"，但他的作品在当代的接受度之高、受众群之广甚至超越了大多数的后代。在推崇朴拙审美的茶道世界中自不必说，在年轻人群中，甚至在海外也有着非常多的拥护者。

你有足够的学识挖掘初代背后的创作理念，而更多人则是在不了解任何背景甚至不具备基本茶道素养的情况下单纯地被它吸引，这便是长次郎的厉害之处。超越了语言、国界、年龄的奇妙引力。

黑乐茶碗 初代长次郎

1
2
3

1 赤乐茶碗 铭"僧正"三代道入
乐美术馆收藏并提供
2 黑乐茶碗 铭"梅衣"五代宗入
乐美术馆收藏并提供
3 白乐筒茶碗 九代了入
乐美术馆收藏并提供

胖蝉：反观三代道入的作品，其风格就鲜明强烈得多了。赤乐茶碗"僧正"以格子暗合袈裟的纹路令观者会心一笑，而即使隐去名字和背景只看外观，和谐颜色拼就的几何图案放在当代艺术博物馆也仍然前卫。幕釉就更妙了，不瞒您说，我入手的第一只乐茶碗就是三代道入名作"荒矶"的复刻品。

当代：噢！是"荒矶"啊，你有没有零距离观察过这件作品的细节？（胖蝉：还无此荣幸。）遗憾的是，它不是乐美术馆的藏品，今天无法给你赏玩，那真是一件非常富有感染力的作品。"荒矶"的名字也取得极其精妙。三代道入才华横溢，传世的佳作甚多，他的作品也生动地诠释了乐烧的精神：对传统和既定规则的不断挑战和创新。除去祖师长次郎，三代道入、五代宗入、九代了入都是活跃于作陶创意最前线的人物，这并不意味着其他各代就趋于保守，毕竟天资、境遇抑或时代背景都有着显著差异，大家改革的程度自有不同，但方向总是一致的。

胖蝉：谈到挑战，旅居东京的时候我走访了很多茶陶窑口，和新老两代陶艺家都有过交流。有些垂暮之年的老者曾对我说过，陶艺家可以"任性"的时间有限，未袭名之前可以恣意在作品中诠释自己的理念，而袭名之后肩负着传承重担，迫于多方的社会压力，不得不转而制作"体现窑口传统风格"或所谓"经典款"的器物，在自己的后代袭名，终于卸下重任后才会再度自由起来，请问出身茶陶名门世家的当代是否也曾有过这种疑惑呢？

当代：（坐正）我认为这种言论是极不负责任的，会说出这种话的软弱陶艺家也绝不会有可观的成就。既然选择以做陶为业，以"不得不压抑自己的创意袭承传统"为借口安于平庸便是最坏、最差的选择。我当时烧制烧贯茶碗的时候也被骂得狗血淋头，但是这份压力和痛苦是身为一名陶艺家必须承受的。

烧贯黑乐茶碗 铭"女娲"十五代乐吉左卫门

乐美术馆收藏并提供

胖蝉：我略有耳闻，听说当代的烧贯茶碗横空出世时有众多批判的声音，说茶碗不是雕塑，乐家当代这一次走得太远了。还有茶人质疑说，因为口沿质地过于粗糙，茶巾擦拭碗沿时无法滑动……

当代：当时被骂得真惨啊，舆论哗然，有长者当面发难说："用你的茶碗喝一服茶，嘴唇都要划破呢。"我并没有去和他们理论，他们的非议和质疑也不曾撼动我的意志，我拼尽全力表现自己追求的风格，这便是我作为一名陶艺家的执着。现在烧贯茶碗被广泛接受、传颂和模仿，世人转而去欣赏和称赞这种复杂多变的质感。这当然是皆大欢喜的圆满结果，然而，即使结果并不圆满，陶艺家也不应为了逢迎而失去自我。越是出身于显赫的陶艺世家，这份实现自我的意志就应该越强韧。

胖蝉：兴许五代宗入创烧悴釉时，也经历过一番类似的激烈质疑（悴釉是五代创烧的一种特殊技法，作品表面粗糙，在光线下立体感强，有风化磐石般的沧桑质感）。

当代：悴釉是个好例子，不过不只五代，乐家历代在袭名后恐怕都要面对这份可怕的压力。一方面，先人们已经将乐烧发挥至他们所属时代的极致，而后人却仍要开疆拓土留下属于自己的篇章。另一方面，推陈出新的阻力是极大的。在现代人看来新颖出色的创意功夫，在当时的时代背景下，每一分突破又何尝不曾是众人口中的"离经叛道"和"匪夷所思"呢？先祖们也定是顶着巨大的舆论压力贯彻着自己的作陶理念。这是乐家的传统，也是我要坚决贯彻下去的东西。

胖蝉：一席话让我受益匪浅。方才既然说到了烧贯的话题，方便跟中国的读者们分享一下您独创的烧贯茶碗技法？据我了解，烧贯器物表面会有一定程度的落灰和激烈复杂的氧化还原反应，通常的黑乐匣钵应该无法胜任，但又不能将器物完全暴露在炭火中，请问是否使用了比较特殊的工具呢？

当代：（笑）你很严谨哦。烧贯技法乐家自古有之，然而以往都以灰器为主，也用来烧制一些花器，将其应用于茶碗确是我的个人尝试。如你所说，需要用特制的匣钵，在本体和盖子之间留下缝隙并且规划好空气对流的路径，烧制时猛烈鼓风让茶碗的几个特定的点暴露在激烈的窑火下，任其在胎土和釉料上留下火痕、落灰（燃料中的矿物质在高温下熔融附着着于器物表面的现象），同时釉料在窑内气氛的微妙转变中，形成极端的窑变效果。

1

2

3

1 烧贯黑乐茶碗 铭"老鸹"
2、3 胖蝉与当代对谈

胖蝉：听上去风险好高，想必成品率很低……我看到展厅的一角有一只崩裂的匣钵和一只貌似就是烧贯的茶碗残件，可以跟我们分享一下当时的情形吗？

当代：不冒风险就想得到极致的效果未免太过任性了啊！是的，这一窑当时出了比较严重的意外，匣钵大幅倾斜并出现了崩裂，但考虑到这种极端状况下有时候会出好的作品，我们一众人还是继续鼓风烧制，但最终，茶碗无一幸免。

在这一窑烧制前不久，我接到了海外某博物馆的邀约，对方希望我能够以"破格"为题烧制几件作品和海外的艺术大家进行联展，因为手头没有合适的作品而且筹备时间又比较紧张，本是准备婉拒的。而在翻看这一窑的残件时我意外发现其中一只茶碗的裂痕犹如被雷电劈开一般果断，充满力量，这不正好契合了"破格"的主题吗？于是我拿去髹缮师傅那边用银色缮了送去参展。主办方也非常有新意地将它和一副前卫作品组成前后景展示，现场的效果是震撼的。

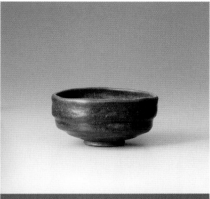

$$\frac{1}{\frac{2}{3}}$$

1 黑乐茶碗 二代常庆 铭"黑木"
乐美术馆收藏并提供

2 赤乐茶碗 十四代觉入 铭"树映"
乐美术馆收藏并提供

3 乐家茶室

胖蝉：那么这件作品真的可以称得上"有如神助"了。中国有句古话叫作"文章本天成，妙手偶得之"，顶尖陶艺在某种程度上也是如此吧。作家完成了其中大部分的工作，但仍然会将一部分交给自己不能控制的"窑神的领域"，期待窑火完成最后的"点睛之笔"。

当代：烧贯技法的偶然性很高，充满了愉快或是不愉快的意外。就像你所说，作为陶艺家，我们有执拗的一面，也会有谦逊的一面，执拗的是在制陶中必然竭尽巧思展现出最佳状态的自己，陶土是非常宝贵的，每一件作品在入窑前都要经历仔细斟酌；然而在面对自然时，渺小的我们必须保持着充分的敬畏之心。

胖蝉：方才您提到了乐烧的陶土，都说"土是陶艺的生命"，长次郎时期"聚乐土"应该还相对容易获得，但时过境迁，在已经成为大都市的京都想要掘地三尺怕是没有那么容易了。我听闻乐家设有专门的"土小屋"用以陈放陶土，陈放时间长达百年，父辈存土待到孙辈才可以使用，能不能跟我们分享一下乐烧陶土的故事呢？

当代：土是令人着迷的，但寻找陶土真的是件特别磨人的事情……制陶多年后再反复玩味"土是陶器的生命"这句话又会有完全不同的体悟。黏土是生命的创造，即使用现代研磨技术将沙砾粉碎到微细的程度，它也不会产生黏性变成黏土。黏土的生成需要生物的参与，肉眼可见的如植物虫蚓，还有不可见的微生物们，在漫长的时间中一点点赋予顽石生命。黏土被开采出来之后经过长时间的贮存，其干燥性质趋于稳定，而在加水陈腐的过程中土又会发霉，其后炼泥的过程中这些小生命又会带来额外的黏性和手感。

日本的陶窑是以土为中心的，像萩烧使用大道土一样，乐烧使用的是本地的土。然而符合乐烧标准的土很少，京都周边我们基本都已经探访、试掘过了。好在乐家受到当地人的照顾，在一些古迹工程动工的时候如果碰巧发现了可能适合的土，项目的负责人是会第一时间和我们联系的。

本阿弥光悦题"乐 御茶碗屋"暖帘

胖蝉：展馆二层有一些标记着"药师寺"的陶土，您曾远赴奈良寻找合适乐烧的陶土吗？

当代：这个故事很有代表性，我跟你仔细讲讲。有一日我收到一件署名"药师寺"的包裹，打开一看，里面是一小包黏土的样品和一封书信，信中说寺院在修缮中对寺内进行了试掘，发现了一些可能符合乐家标准的黏土，附上小样以供参考，如果感兴趣的话烦请拨冗联络。我喜出望外，第二天便赶赴施工现场勘察，经过短暂鉴定后当场便决定全量接下这些土。施工方帮忙打了土方，用货车拉了足足20吨回来，虽然最终经过烧制测试，合格存入土小屋的只有一小部分，但考虑到乐家的用量不大，这些土已经足够我的孙辈甚至是他的下一代使用了。和我的祖先们一样，先前我一直陷入为后代寻土的焦虑中，囤下了这批土给孙辈，我也终于可以放心地去泉下和祖先们团聚了……

胖蝉：快别这么说，我们还指望着您长命百岁创作更多名品呢。虽然不曾以陶为业，但我大概可以理解您在寻到合适的陶土并试烧成功之后的喜悦之情。当代乐烧承载着几百年来十五代人的技法和创意，每每出现前卫的创作理念和表现手法，都会对原材料提出更苛刻的要求，比如烧贯技法对于土的要求就一定会更加严格。

当代：正如你所说，烧贯茶碗的土是先祖为我留下的，陈放了100余年。如方才我们的讨论，烧贯的烧制条件非常苛刻，出于造型的要求有些作品的胎壁可能会被我削得很薄，而鼓风的力度却极大，这就对土的性质提出了相当高的要求——能够耐住激烈的窑内气氛变化而不能出现裂、塌的情况，创烧至今我试验了很多陶土，目前只有祖父存下来的一批土可以达到理想的效果。所以如果这批土用完了，烧贯可能就不会烧了。

松平不昧题"乐"字

胖蝉：我可不希望烧贯成为绝响呀！要么您再继续找土。（笑）刚刚谈过了胎土，关于黑乐的釉料我还有一些问题，我了解到黑乐的釉料制备需要加茂川的黑石，既然鸭川和加茂川是同一条河流不同分段的称呼，那么石头出自上游和下游为何还有讲究呢？之前看纪录片的时候发现您展示了院子里存放黑石的场地，如果您的先人像存土一样一直在筛选石头的话，岂不是整条河里品相好的黑石都要被挑尽了？

当代：囤石头比起找土可要简单多了，优质黑石的产地主要集中在贵船一带，那里是加茂川的上游，有名的观赏石和园艺石产地。当地有名的石头有七种，乐家用其中被称为"紫"的火山岩性质卵石制作黑乐釉。制作过程你很熟悉，我就不赘述了。

胖蝉：在风景如画的贵船漫步收集紫石，听上去十分风雅呢。

当代：实际上并没有这么风雅……因为我们的石头都是拜托当地专业的石头商人挑选的，他们深知乐家的要求，一直会将品相上佳的石头送来供我们挑选。几百年来乐家奉行着一子相传的传统，但我们并不是孤独的存在，乐家自创烧以来便得到各大职人家系的帮助，在大家的庇荫下执着前行，身为乐家当主，内心是非常感恩的。

胖蝉：说到其他家族的鼎力协助，乐家的烧窑传统可能是茶陶名门中最奇妙的了，三个游离于茶圈之外的家族（园艺世家宇野家、镶嵌艺术世家小野家、传统房屋结构世家平井家）在每年烧窑时如期而至，而这种默契已经持续了几百年。真是令人叹服。

当代：是啊，这传统已经持续了不知多少世代，每到烧窑的日子一众老友会如约在窑场聚齐，烧炭鼓风挥洒汗水，与我共同从事沉重的劳动，并分享窑火带来的喜悦。如此传统而纯粹的关系在现代社会太少见了。陶土、釉料原石、木炭、帮手……看似孤高的乐烧其实一直深深依赖着这些幕后的英雄，我也希望读者们知晓乐家背后的故事，认识这些在作品背后默默付出的人。

胖蝉：我会尽力将永远走在时代前沿却又仿佛定格在江户时代的茶陶物语，伴随着这份时代冲突感，如实呈现给读者。提到冲突感，另一点令我颇为钦佩的是，您给作品起的名字往往都有着浓厚的古典韵味，"梨花""白骆""老鸦"，这些生动而又激发想象的名字都是您的创意吗？长于制陶而又有古文功底的制作者着实不多见。

当代：献丑了，我时常翻阅中国的古诗词，它们为我带来了无尽的灵感，中国是汉字的源流所在，相信很多作品的名字对你来说都有似曾相识的感觉。除去中国的诗词，一些日本古代的经典，比如《万叶集》，也是我的灵感来源。汉字的力量是伟大而深奥的，有时候琢磨出一个贴切的好名字也会让自己得意很久。

胖蝉：翻阅书籍选取一个文雅的名字并不难，而将其与作品的风格完美融合令人拍案称奇，甚至逆转因果以文字为核心概念创造器物，这就是一代宗师的作为了。

来年（2019）春天您的公子笃人先生将要袭名十六代乐吉左卫门，他目前发表的作品不多，透露出的信息也十分有限，我很好奇他会选择怎样的创作风格。您和十四代都是比较现代前卫的风格的话，他是否会更倾向于回归传统呢？

当代：说实话，我还不知道他最终会落脚在哪一个方向上，不过如你所说，我的作品风格比较"外向"，注重表现力。那么他在潜意识中回归的倾向可能会更重些。为了尽可能不干涉他个人的发展，我甚少和他讨论制陶风格的事。我的篇章已经接近尾声，下一个篇章将由他来自由谱写，届时我也会隐居，和先祖一样卸下十五代乐吉左卫门的世袭名号，变成"某入"（自三代道入开始，历代乐家当主在隐居后都会取一个"某入"的隐居名，如三代道入，四代一入，五代宗入等。采访时十五代还未隐居，但也会袭承传统，取一个"某入"的隐居名），但制陶生涯是不会终止的，还有太多想要尝试实现的理念。

赤乐茶碗

胖蝉：那您准备削发吗（隐居一般意味着剃发皈依）？

当代：有这个必要吗？你看我现在这个发量，基本也跟削发差不多了吧。（笑）

$$\frac{\frac{1}{2}}{3}$$

1 乐美术馆开馆四十周年夏季特展"窑焰中的赤与黑"部分展品
三代道入黑乐刻绘茶碗
2 四代一入朱釉黑乐茶碗
3 七代长入赤乐茶碗

1 黑乐茶碗 初代长次郎 铭"勾当"
乐美术馆收藏并提供
2 重要文化财产 二彩狮子 初代长次郎
乐美术馆收藏并提供
乐美术馆
电话：0750-414-0304
开馆时间：10：00~16：30
休馆日：星期一
地址：日本京都市上京区油小路通一条下
官网：https://www.raku-yaki.or.jp/museum/

知日·日本茶道完全入门

朝日烧：古老茶陶的现代诠释

朝日焼：現代を生かす古き茶陶

肝胆楚越山分文
◎南北一摄影

焼成研究室

火道要慎

愛宕神社守護紋

玄窑

胖蝉：见到"玄窑"本尊时着实吃了一惊，在日本已走访过不少窑口，超现实主义风格如此强烈的独此一份，简直像是宫崎骏的动画电影中的移动城堡。上方这些被管道联结的复杂设备想必是收集和净化烟气用的，城市中动用柴火是件难事。近年来，中国很多执着于传统柴窑烧制的陶艺家被迫将窑搬迁至特设的工业园区或是偏远些的地区，从这个角度说，坐落在宇治核心景区正中心的朝日烧真的有一番手腕呢！

当代：(笑) 几乎每个见到它的人都会愣一下神，这座由柴火驱动的传统登窑因为加装了太多机械构件被圈内的朋友戏谑地称作"钢骨窑"。盘踞在烧制室上方的管道部分如你所说是收集废气的设备，未燃尽的柴灰和一些可燃性气体在此经过充分燃烧形成对环境无害的气体后再被排出。整座窑看上去凶猛彪悍，但其实是人畜无害的。早年间宇治还是一座朴素小城，游客远不像现在这么多，陶艺家们的活动也并不太受限，而随着城镇的发展和知名度的提升，海内外游客纷至沓来，出于景观和环境保护的考量，地方政府也不得不对柴窑加以约束。这座窑和我们的家族可以留在起源之地继续烧制，其实要感谢当地政府的"法外开恩"和周边居民的支持与理解，而我们所能做的，就是绞尽脑汁、不惜工本地改善工艺，增设设备，将窑火对于环境的负面影响降至最低。

专访
十六世松林丰斋

"陶艺是一门古老的手艺，不论古代还是现今，烧窑主要依赖的仍是陶工的'经验'和'直觉'，观察火焰的颜色以判断窑温，选择合适的投柴时机和频率以激化或缓和窑内气氛的变化，这些判断往往是高度模糊化的，在决断时却又需要非凡的魄力。"

胖蝉：虽说客观上是被环保推动的，但我想您祖孙三代定也乐在其中吧。听说当代的祖父就非常喜欢将现代科技应用于陶艺创作中，而这座"玄窑"的玄妙之处不仅在外观可见的部分，内部也同样埋设了诸多机关。

当代：陶艺是一门古老的手艺，不论古代还是现今，烧窑主要依赖的仍是陶工的"经验"和"直觉"，观察火焰的颜色以判断窑温，选择合适的投柴时机和频率以激化或缓和窑内气氛的变化，这些判断往往是高度模糊化的，在决断时却又需要非凡的魄力。

然而这并不意味着陶艺家就要活在过去，禁止享受现代科技的种种红利，数据是陶工进行推演和预判的重要依据，万幸我诞生在一个科技发达的年代，在和窑神的博弈中可以比祖先们拥有更多筹码。如您所说，从祖父的时代开始，朝日烧便开始在窑内安装在 1 300 摄氏度高温下仍然能够正常工作的耐温摄像头，如实记录下釉料的融化进度和窑变的情况。这些影像资料会被数据化整理保存在烧制研究室内供调阅之用，生动而客观，排除了记忆的误差和人的误判。然而数据仅仅是冰冷的数字，以此为基础设立假想，通过改变单一参数的重重试验证或推翻自己的假想并最终实现较大幅度的突破，这便是我眼中当代陶艺家应有的样子。

十六世松林丰斋，朝日烧当主。朝日烧为远州七窑之一，因为地处茶都宇治的中心地带，自古便受到茶人的格外青睐，是极罕见的抹茶道与煎茶道茶具均擅长的茶陶窑口。

胖蝉：严谨而客观的分析对提升朝日烧代表作品"鹿背"茶碗的烧制水准一定贡献不小吧，浑然天成的和谐配色背后是复杂又难以把控的窑变进程，还请当代为我们分享一二。

当代："鹿背"是朝日烧最具代表性的品种，其直观的特点是迷雾状的复杂色中隐现斑点，就像梅花鹿的皮毛一样。和其他朝鲜系窑口一样，鹿背的手感非常温软，长期使用中表面的光泽会变得愈加柔和，开片也会逐渐显现并着色，形成更加丰富的层次和质感。

胖蝉：朝日烧所用的陶土都取自宇治本地吧，前几天和乐家当主见面的时候也聊了很多关于寻土和存土的话题，能和我们分享一下陶土的故事吗？

当代：（笑）我们虽然自认对土的要求非常严格，但是挑剔程度和乐家可不能比……朝日烧的陶土取自附近的山峦，虽说并不常见但存量还算可观，持有专门的开采许可证，可以对国有土地进行一定程度的试掘，所以我们不用像乐家一样代为了陶土忧心。

鹿背使用的陶土耐火度其实非常高，如果足火烧制可以得到质地异常坚实的高温陶，而在实际烧制中陶艺家往往会控制窑温，使其低于极限温度，这样就可以保留一定的柔软度，或者说脆弱性。毕竟"坚不可摧"的茶道具会让人少了几分"怜香惜玉"的心情。器物本是没有生命的冰冷存在，而陶艺家通过调整烧制进程为它设定了有限的生命，让它注定在未来的某一次茶会中香消玉殒。这正体现了日本文化中特有的执着于"不完美"的审美逻辑。

1	2
3	
4	5 / 6 / 7

1、2 朝日烧代表作"鹿背"
3 "鹿背"与精致的和果子
4 和果子
5、6、7 品茶

胖蝉：除却细腻的陶土和温柔的发色，"鹿背"的纤细精致感很大程度上源自它秀逸的造型、流畅的曲线和刻意留下的拉坯痕迹结合营造出特殊的韵律感。我听闻目前朝日烧仍然沿用着最传统、操作难度也最高的手动辘轳，这两者之间是否有些许内在联系呢？

当代：抛开电动辘轳不说，传统的朝鲜系窑口多用蹴辘轳这点你应该很熟悉了，在拉坯时可以不断用脚推动保持旋转的速度。而朝日烧却选择了和古代景德镇一样的驱动方式：用细木棒旋转作陶台，在惯性旋转的过程中塑形。俗话说"胳膊拧不过大腿"，比起脚来，用手旋出的力度和持续性都是较弱的，而这份柔弱反而催化出更为精湛的拉坯技艺。在相对舒缓的旋转中手的发力必须节制，缓缓推揉移动，指肚在器物上留下连续却又富于变化的痕迹。这便是鹿背造型的意趣。

当然，凡事无两全，手动辘轳在制作体量较大的器物时受限于旋转的力度不足，往往会显得有些力不从心。

胖蝉：您曾以书法为例对拉坯痕迹的审美逻辑加以解说，令我受益匪浅。今日可否再次和读者们分享这套理论呢？

当代：惭愧惭愧，不过是个人的一点心得罢了。陶艺家会有大量的独处时间，在和陶泥窑火的对话中总会突然冒出很多新奇的想法。日本的平假名源自中国的草书，是一种非常适合连笔书就的文字，于是比起单字的架构，日本古代的书法作品更重视通篇文字的律动感，创作时必须一气呵成，不能有些许犹豫。制陶的过程又何尝不是如此呢？拉坯塑形的过程有如书写一个短章，作家将创作时刻的心境通过指尖写入这些连续的痕迹中，继而通过推压碗沿器壁改变茶器的形状，赋予其更多变化。而当茶客缓缓转动茶碗，凝神鉴赏，抑或用指尖触碰这些凹凸时，或静谧或悠扬的乐章便缓缓流出，令人赏心悦目。

胖蝉： 这简直是我听过的最诗意的制陶理论了。除却传统的"鹿背"，当代较为得意的应该就是月白流釉茶碗了吧。我注意到先代十五世也有月白釉作品，但基本都是整器施釉，风格相对传统。而当代的风格则灵动许多，能否和读者们分享一下月白流釉茶碗的创作理念呢？

当代： 如你所知，月白釉的源流是中国的钧瓷，先代的月白釉发色会比较接近本尊，主要强调莹润质感和清冷发色。而我的月白釉在釉的质感、施釉方式和器形方面都呈现了一种比较新的风格。月白釉不同于鹿背，后者的亮点主要体现在复杂且不可控的窑变和器物的线条上，而受限于土质和窑变的要求，在施釉上的改革余地是比较有限的。而月白釉的可塑性更强。

　　创作抹茶碗时我秉承着两个基本理念。首先作为一只茶碗，对茶的映衬效果永远是重中之重，切不可喧宾夺主。其次，抹茶的品饮体验是多元化的，尤其对于茶碗的触感有非常苛刻的要求，手感单一会显得枯燥无趣，而层次太多则又容易杂乱，影响整体感。

胖蝉： 我注意到当代的月白釉质感会更加剔透一些，而且茶碗内外施釉的厚度和方式都有很大差别，这都是出于映衬茶色的考量吗？

当代： 我对釉料的成分进行了调整，将不同厚度的釉料的质感差别拉大。如你所说，茶碗外侧施釉较薄，还采用了比较奔放灵动的淌釉技法，配搭露胎部分的火痕，视觉上更加轻盈清新。反观茶碗内侧，堆叠的釉层颜色浓而实，更利于映衬茶色，尤其在将茶饮尽鉴赏茶碗的环节，残留的一抹绿色会显得鲜活可爱。

　　此外，月白釉的玻璃质感和露胎处的粗糙质感在经过立体切削保留一定棱角的茶碗外侧形成鲜明冲突，在掌中摩挲时手感甚佳。

```
1 | 2
-----
  3
-----
  4
-----
  5
```

1、2、3、4 月白釉
5 鹿背

胖蝉： 据说月白流釉茶碗在海外反响极佳，很多海外的客人都登门求购，但因为出品数量有限，往往是一器难求。

当代： 确实是这样，方才提到了月白釉的改良，质感的提升是以烧制难度的大幅提高为代价的，对窑位的要求苛刻了，出品数量就有了瓶颈。仅就第一印象而言，不论是本土还是海外，月白甚至更优于鹿背，可能理解鹿背的美需要更高的门槛吧。为了让月白在长久的使用中不输给当家的鹿背，也为了让更多人对鹿背一见钟情，我也须潜心研究，日益精进。

茶道具全解

茶道具全解

◎ 胖蝉／文
◎ 五岛美术馆、大都会艺术博物馆、益田屋、丸久小山园、胖蝉、恒昀／供图

挂轴

一席中最重要的道具，不是茶碗，而是挂轴，这可能让初涉此道的爱好者们备感疑惑。

挂轴是客人迈入茶室之后驻足欣赏的第一件茶道具，其中的文字画作，往往暗合了本次茶会的主题。随着茶会的进行，更多线索被逐渐披露出来，亭主也会适时点破，将茶会的立意完整地呈现在客人面前。

早期挂轴的画心多为中国舶来的绘画或禅僧书法，随着茶道本土化的深入，和歌等日本原创的素材也被纳入其中，而不论题材如何变化，挂轴书画创作与禅的强有力的联系一直维系至今。

当代茶道中，最广为人知的挂轴体裁是出自茶道圣地大德寺高僧之手的"一行书"，评价一件挂轴时，书法技巧仅是标准之一，执笔者的参禅修为才是更重要的因素。

茶碗

一众茶道具中，爱好者们最熟悉的，应该就是茶碗了。

在日本，作品在茶道世界的认可度是衡量一名陶艺家艺术造诣的重要指标，这也从侧面解释了茶碗的昂贵。

茶会上，茶碗会被捧在掌心，在极近距离沐浴茶人的严苛目光。旋转茶碗时不同角度的"景色"，底足露胎部分切削的艺术性乃至不同光线下颜色的微妙变化都是评判的要点。视觉之余，口唇及指尖的触感，与手掌的贴合度和重量感也不得有丝毫遗憾。为了茶会上的高光一刻，陶艺家在一只茶碗中倾注的心力可想而知。

相比于质地更坚实的瓷器茶碗，陶器茶碗更受茶人青睐。

1	2
3	

1《梧下试茗图》中林成昌 1840 年
大都会艺术博物馆收藏并提供
2《离离原上草，一岁一枯荣》（白居易）
没伦绍等笔 15 世纪
大都会艺术博物馆收藏并提供
3 濑户天目茶碗 18 世纪
大都会艺术博物馆收藏并提供

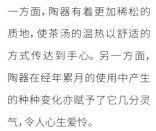

一方面，陶器有着更加稀松的质地，使茶汤的温热以舒适的方式传达到手心。另一方面，陶器在经年累月的使用中产生的种种变化亦赋予了它几分灵气，令人心生爱怜。

茶碗都有正面，饮茶时需要旋转茶碗避开正面以示对茶器的尊重。

正式茶会中，前半段"初座"会在壁龛饰以挂轴，后半段"后座"更换为茶花。花入（盛花的容器）便是插放茶席花的茶道具。

　　茶席花有别于花道"立花"或"盛花"，过于华美的插花作品往往和茶席格格不入，而茶道具花入的形制更加清雅、庄重、朴素。

　　正如茶道的其他领域，花入及茶席花的风格也分为"真""行""草"三类。"真"花入以青瓷、古铜材质的舶来品古董为主，端正而庄严，"草"花入偏重自然野趣，笼括了曾经是民间日用器的竹编花笼和质朴无华的柴烧陶器，其他施釉陶器和千利休一手创作、提携的竹制花入则归入"行"格。

青瓷凤凰耳花瓶
瓷器
13 世纪
高 33.5 厘米　口径 13.0~13.1 厘米　内径 15.5 厘米　底径 13.2 厘米
五岛美术馆收藏并提供

水指是茶席上贮存净水的道具。

　　早期的水指形制和材质都非常单一，其后，经历了舶来品审美占据主流的时代和本土创意陶器的全盛期，水指逐渐成了彰显茶人品位的绝佳载体。

　　水指的体量给了陶艺家们比茶碗更大的画幅，许多挥毫泼墨式的装饰方式只有在水指上才得以施展，一件佳作的恢宏感和律动感往往带给观者与茶碗完全不同的震撼。

　　一般情况下，水指会有和本体同材质的"共盖"和木胎髹漆制作的"漆盖"两套配置，点茶中开合盖子的手法也因用盖不同而有很大差异。

古伊贺水指 铭"破袋"
陶器
17 世纪初期
高 21.4 厘米　口径 15.2 厘米　内径 23.7 厘米　底径 18 厘米
五岛美术馆收藏并提供

薄茶器是茶会上收纳抹茶粉的道具，多为木胎漆器，而它还有另一个更为通俗的名字"枣"，其精致与华美常与身旁茶碗的朴拙形成鲜明对比。不同于国内的贮茶罐，薄茶器不密封，因而不可用于茶粉的长久保存。

　　茶会前不久，筛好的抹茶才会被转移到薄茶器里，垒成一座小小的山峰备用。

　　莳绘与雕刻，镶嵌与堆叠。东瀛丰富的漆艺技法赋予了制作者们极广阔的空间。季节题材是薄器创作中不变的主角：春华秋实、夏雨冬雪、日月星辉与鸟兽鸣虫，一季的标志物被浓缩进一副微型景观，将观者带入另一个维度。

　　正如其名，在茶道中薄茶器多用于薄茶的点饮，而浓茶的重担，则落在更为庄严显赫的茶入肩上。

白漆莳绘网纹中枣
胖蝉提供

茶勺是从茶入或薄器中取用抹茶的茶道具，多用竹木或象牙制作。与茶碗、茶入等自带光环的茶道具不同，茶勺的名品大多其貌不扬，既无精巧的雕工，又无迷人的异彩。而朴拙之中，方寸之间，竟藏着莫大的玄机。

茶勺的创作主体不是艺匠，而是茶人。茶勺和收纳它的竹筒从选材、设计到削制均是茶人亲力亲为。造物抒怀，茶勺凝聚了茶人的思想和审美趣味，是公认最具鉴赏价值的茶道具之一。一个令茶人颔首的杰作，会被送到茶缘深厚的禅寺由得道高僧题写铭文，将造物者的理念流传后世。也正因如此，鉴赏历代名茶人的手削茶勺时，颇有些与古人对话的感动。

小堀远州所做茶勺（共筒）铭"清见关"
竹制
17 世纪
长 17 厘米 筒长 19.8 厘米
五岛美术馆收藏并提供

如果要在茶道具中选出话题性最强的成员，茶入一定稳居第一。

安土桃山时代，名物茶道具有着极强的象征意义和政治价值，其中又以茶入为尊。"初花"、"栖柴"和"新田"三只汉作肩冲茶入名品合称为"天下三肩冲"，枭雄们都梦想将它们尽数收入囊中，只因这象征着对各方势力的全面征服。而"付藻茄子"（九十九发茄子）更是极尽传奇，粉身碎骨之后又被能工巧匠髹缮复原，再现生前的无限风光。

正因为名贵茶入的显赫出身，其配件也极尽奢侈。除去牙盖和锦缎制成的仕覆外，传承有序的杰作还会有历任主人订制的重重木盒、木箱，甚至是木柜加身，令圈外人惊叹不已。

茶道在炭点前（茶道仪轨）时会在炉火中投入练香或香木，香盒是收纳它们的小巧器皿。

茶道将一年分为风炉和地炉两个季节，风炉季使用香木，香盒多用木器或漆器。中国舶来的堆朱、剔犀、螺钿镶嵌等技法和日本本土的莳绘、一闲张等工艺悉数登场，只为实现理想的装饰效果。地炉季节使用的陶瓷器香盒同样展现了茶道强大的包容性，舶来品青花和五彩、交趾香盒形成了庞大的舶来品香盒系统，而本土的作家们亦不甘示弱，京烧名工野野村仁清、尾形乾山、仁阿弥道八等人在香盒领域都有建树。而江户时代后期茶人对香盒热情的持续高涨，也推动了日本本土各大窑口的香盒烧造，形成百家争鸣的大好局面。

香盒既是茶器，也是一件精工巧作的艺术品，具有极高的艺术价值和收藏价值。也正因如此，香盒不仅得到了茶道爱好者的关注，在收藏界也人气颇高。

青贝布袋和尚香盒　　　高 2.5 厘米
漆器　　　　　　　　　直径 7.2 厘米
17 世纪　　　　　　　 五岛美术馆收藏并提供

唐物文琳茶入 铭"本能寺"
陶器
13 世纪
高 7.3 厘米 口径 2.7 厘米 内径 6.9 厘米 重 87.4 克
五岛美术馆收藏并提供

茶道中用来烧水的器具叫釜。

　　茶釜被称为"一席之主"，不仅仅因为其地位的显赫和功能上的不可替代性，更是因为茶釜身处茶室中唯一一个岿然不动的静止位置：任主客去来、花轴更替，釜都端坐原地，默默地烧着水。

　　室町时代，九州的芦屋和关东的天明曾是茶釜的两大产地，芦屋釜以端正精美的真形釜见长，而天明釜则有着更丰富的形制和粗犷的表面质感。进入桃山时代，千利休一改茶道对古釜的盲目推崇，大力提携京都金工创作风格大胆而个性鲜明的作品，成就了京作釜的辉煌盛世。江户时代，釜场间的竞争趋于激烈，京作釜的著名家系名越、大西、西村等也纷纷进驻首都，在首善之地展开角逐。

1
2
3
4

1 风炉
丸久小山园提供
2 钓釜
丸久小山园提供
3 炉釜
丸久小山园提供
4 茶筅
拍摄：孙振源
图片后期：恒昀

茶筅是抹茶道具中为数不多的消耗品。其穗（茶筅前端细密的竹丝）在被水沁润、弯折、风干的反复中会逐渐劣化变脆，最终折断。因此正式茶会上，为了防止老化的穗在强有力的击拂中折断落入茶中，规定一律使用新茶筅。或许正因如此，茶会上的茶筅才比其他道具更多了一分庄严的宗教色彩。

　　一期一会，一生，只在一次茶会上，绽放一回。

　　除却常见的白竹外，一些茶道流派会使用紫竹甚至昂贵的煤竹制作茶筅，茶筅的形制也会根据用途有些微不同。

日本茶道具赏

千鸟松莳绘香盒 14 世纪早期
大都会艺术博物馆

织部扇面形手钵 16 世纪晚期至 17 世纪早期
大都会艺术博物馆

茶筒 约 1650 年
清右卫门 大都会艺术博物馆

樱幔幕纹织部手付水注 17 世纪早期
大都会艺术博物馆

"铁槌"濑户黑茶碗 16 世纪晚期
大都会艺术博物馆

松文水差 约 1720 年
大都会艺术博物馆

备前牡丹饼平钵 17 世纪早期
大都会艺术博物馆

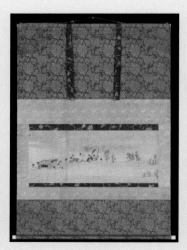

住吉物语绘卷 13 世纪晚期
大都会艺术博物馆

水指 1625 年
大都会艺术博物馆

菜笼炭斗 19 世纪中期
大都会艺术博物馆

《雪堂煎茶图》谷文晁 1791 年 大都会艺术博物馆

知日·日本茶道完全入门

芦屋香炉耳釜 五岛美术馆

鼠志野茶碗 铭"峰红叶"五岛美术馆

鼠志野钵 五岛美术馆

芦屋甑口菊地纹釜 五岛美术馆

五岛美术馆

开馆时间：10:00~17:00

（最后入馆时间：16:30）

休馆日：每周一（节假日除外）

休馆期：夏季盘备期、年初年末等

地址：东京世田谷区上野毛 3-9-25

交通：东急 大井町线上野毛站下车步行 5 分钟

门票：普通 1 000 日元、高中及大学生 700 日元

中学生以下免费（特别展除外）

官网：https://www.gotoh-museum.or.jp/

茶道具名店帖

益田屋

佳芳庵

正芳庵

1930 年创业的益田屋坐落于东京新宿区大久保的百人町。印象中，百人町内无疑是中华物产店和韩国餐厅的地盘，殊不知里面还藏着一家拥有近百年历史的老字号茶道具商店。在这里你可以找到各个流派的茶道具。不用东跑西跑，从传统制法到现代工艺，各具特色的茶道具全部被益田屋一手网罗。

　　益田屋不仅仅拥有日本最大的茶道具卖场，在新宿总店内还设置有茶室"正芳庵"和"佳芳庵"，教授茶道及花道课程。对茶道感兴趣的人也可以在这里体验茶会流程。这家店还拥有自己的展览场地，不定期举办与茶道相关的展览。益田屋不单单是经营一份茶道具的生意，更注重日本茶道文化的传递。

营业时间：11:00~18:00 每周日休业

地址：东京新宿区百人町 2-17-11

官网：http://www.masuda-ya.co.jp

光悦写不二山茶碗 吉村乐入

井户茶碗 萩烧 波多野善藏

玻璃茶碗 益田芳德

玻璃茶碗 益田有希子所做

破袋水指 高取烧 佳乐烧

松食鹤香盒 黑田正玄

黑涂踊桐时绘大枣 林胜

玻璃靴型重口水差 益田芳德

水指

玻璃茶入 益田有希子所做

茶碗 永乐善五郎所做

北山 茶道具

北山创于 1983 年，2003 年独立，开办了北山茶道具的店铺。要说有什么特别之处，大概就是北山出售的茶道具和上述店铺相比要来得亲民一些，并且提供定制服务，可以根据客人的要求进行制作。

营业时间：10:30~18:00

地址：京都市北区紫野宫东町 10rumon 紫野 1F

官网：http://www.sadougu-kitayama.jp

松风园 松野茶铺

在明治年间，松风园原本是一间专卖食用盐的商店，而后开始以日本茶为中心，开展了茶叶、茶道具的贩卖。岐阜县环山绕水，自然环境十分优美，也是日本茶的重要产地之一。飞弹高山出产的几里茶或是白川町的白川茶都十分美味。松风园内也会贩售当地特产的茶叶。

营业时间：08:30~19:00

地址：岐阜县高山市本町 2-37

官网:http://www.hidanet.ne.jp/~teecup/

开化堂

开化堂创于明治年间，和其他店铺稍显不同，开化堂只贩卖一种器具——茶筒。开化堂职人纯手工制作的茶筒前前后后需要一百三十多道工序，茶筒是内外双重构造，密封性相当出色，保证放在其中的茶叶或是茶粉不会走味。筒身多为铜制，随着时间的推移，筒身颜色还会发生变化，真不愧为日本历史悠久的手作茶筒老铺。

营业时间：09：00~18：00

地址：京都市下京区河原町六条东入

官网：http://www.kaikado.jp

KOTOBUKIYA(ことぶきや)

这家店创立于 1940 年，除了售卖茶道相关器物之外，也出售花道相关器皿、花器等，店铺选址在洋气的南青山，下次到东京旅游逛街购物之余不如去这里看一看。

营业时间：09:30~19:00

地址：东京港区南青山 3-18-17

龙善堂

"要向对待自己的妻子一样去对待茶道具。"这句话是龙善堂 80 年来言传至今的家训。对待茶道具，这家店铺是真的用心。除了贩卖茶道具之外，龙善堂的总公司"乐观"也经营怀石料理的店铺。

营业时间：11:00~19:00

地址：东京都中央区银座 5-8-5

万乐堂

创业于昭和年间，万乐堂出售的茶道具一直为东京和神奈川的茶人所爱。茶道具、怀纸等消耗品，怀石料理所需道具等都在出售。除了这些，万乐堂还收购并出售名家的茶道具。店铺内有茶室"明章庵"。

营业时间：10:00~18:00

地址：神奈川县川崎市宫前区小台 1-19-5

官网：https://www.manrakudo.co.jp

菊光堂

1868 年创业的老铺，一家值得人们信赖的老字号茶道具店铺。不仅仅在店铺售卖，全球的茶人都可以通过网络向菊光堂下订单。

营业时间：09:30~18:00

地址：京都市北区小山西大野町 58-4

官网：https://www.kyoto-wel.com/shop/S81014/

原田茶具商店

原田茶具商店贩卖的茶道具都拥有一流的制作工艺，另外出售御山小山园的抹茶和一些古董茶道具。

营业时间：10:00~18:00

地址：京都市下京区富小路通四条下

官网：https://www.kyoto-wel.com/shop/S81409/

茶道文化检定
（茶道文化検定）

关于茶道文化其实也有专门的考试。茶道文化鉴定考试由里千家今日庵承办，在每年的 11 月举行。考试内容中包括茶会礼仪、茶道历史、各个流派的区别、茶与禅、茶道与花道等多个方面，全方位地考验受检者的茶道知识。根据考试内容的难易程度，有 1~4 级的等级区分。每年报名参加的受检者其实并不都是从事茶道相关工作的专业人员。很多人往往是出于对茶文化的热爱，希望挑战自己而参加。在历届的茶道文化考试中，最小的受检者只有 8 岁，而最年长的受检者则有 80 岁。在茶道世界里，没有年龄的界限，只要你拥有一颗喜欢茶文化的心。

字研

©meiki｜文

调味茶
（フレーバーティー）

"フレーバーティー"（Flavor Tea）是指加入晒干的花瓣或是水果等物制成的调味茶。虽然在人们的印象中这种新式茶的理念应该源于欧洲，而且也和传统的日本茶的感觉相去甚远，但如今日式调味茶却成为日本最流行的茶饮。在传统茶道中经常出现的玉露茶、抹茶等茶品一直以来都是日本茶中的"高级品"，对于年轻人来说有点距离感，而调味茶就显得亲切了许多。原本对传统茶道兴味索然的年轻人如今也纷纷加入了饮茶大军。日式调味茶是在传统的日本煎茶、荒茶等茶基当中加入晒干的果肉、花瓣或是昆布，这样既能感受花果的风味又能体味到日本茶的深邃之味。

井伊直弼与《茶汤一会集》

井伊直弼と『茶湯一会集』

◎江隐龙／文
◎meiki／编辑

在茶道之中，我们最常听到"一期一会"这个四字词语。日本茶道中的"一期一会"有两个源头。第一个是文化渊源，在《山上宗二记》的"茶汤者觉悟十体"中，已经出现了"一期一度之会"的字样，用以描述主宾间难得一见，理应珍惜之感；第二个是正式起源，在《茶汤一会集》的卷首语中，"一期一会"正式出现。"茶会也可为'一期一会'之缘也。"

"一期"是指人的有生之年，"一会"是指仅此一次的相会，两者相合便是"有生之年唯一的相会"。

不难看出，"一期一会"背后浸透着日本茶道与禅宗交织而生的无常观，这固然与日本早期茶汤名人多为禅僧有关，但"一期一会"经由村田珠光、武野绍鸥、千利休、山上宗二几代茶人的孕育，一直穿透德川幕府直至在井伊直弼手中集于大成——这一番流变却有着历史性的机缘。如果不是在江户时代末期，如果不是经井伊直弼之手，如果不是记载于《茶汤一会集》，"一期一会"这四个字很可能不会在日本茶道中享有如此尊贵的地位；纵然有，它的身姿也不会如此闪耀。

江户时代末期、井伊直弼、《茶汤一会集》，这三个维度构造了日本茶道与日本历史的"一期一会"。这样的交织，前无古人，也不会有后来者。

无论从何种角度来看，仅仅作为"一期一会"四字的创始人，井伊直弼也足以在日本历史上留下不灭的印记了。然而，真正让井伊直弼出名的却不是他的茶道，而是他的政治生涯。

在井伊直弼的履历中，茶人的身份实在不算显眼。他是近江国彦根藩第十五代藩主，任"大老"之职，这已然是德川幕府时代除将军之外的最高职位。"黑船来航"之后，井伊直弼在未得天皇敕许的情况下签订了《日美友好通商条约》等五国条约，开启了欧美列强侵略日本的大门，随后又在一片反对声中掀起了"安政大狱"。安政七年（1860），十八名激进浪人于江户城樱田门外行刺井伊直弼成功，史称"樱田门外之变"。这一场政变在终结了井伊直弼一生轨迹的同时，也成为日本倒幕运动及明治维新的催化剂。井伊直弼以其生勾勒了江户时代的没落，同样以其死预示了明治时代的来临。

从日本历史的宏观视角上来看，一个茶人，一本茶书，一种茶道精神，在如此波谲云诡的时代里的确难以被重视。如果没有《茶汤一会集》，井伊直弼也许

会是大久保利通、李鸿章那样的风云人物，后人也实在难以想象，如此坚毅冷酷的政客，会写出"即便主宾多次相会，亦可能再无重逢之时"这般伤感的句子。然而，正是这种反差，让井伊直弼的人生多了一抹与众不同的光辉，也使他在见证日本历史陷入变局的同时，见证了日本茶道的衰微。

是的，在井伊直弼所处的时代，日本茶道逐渐步入没落。这种没落与两个世纪前町人茶的没落不同：町人茶之后尚有武家茶，千利休之后尚有远州流与石州流；而在井伊直弼死后，日本整个社会都在欧风美雨的侵袭下失去了自信，传统文化不再能支撑起民族的脊梁，包括茶道在内的传统文化在即将建成的鹿鸣馆面前迎来严冬。

这是东西方文化碰撞的必然结果。代表着工业文明的欧美军舰一旦登陆，日本的传统文化自然会显得"不堪一击"，日本茶道在明治时代初期的衰微，代表了整个东方文明在 19 世纪末的衰微。从这个角度来看，井伊直弼在《茶汤一会集》提出的"一期一会"又成了日本命运的谶语：即使茶道在日本已经兴盛了百年，即使在这期间已经有无数茶汤名人与茶道的相会，

也可能再无重逢之时。

然而拨开明治时代的迷雾，井伊直弼的茶道同样又从另一个层面成了武家茶与历史的"一期一会"。江户时代的茶道以武家茶开局不假，但在漫长的社会安定期，武士阶层逐渐在商业繁荣的时代里失去了财力优势，町人阶层反而渐渐在太平盛世中取得了经济支配权。千利休之后，三千家的町人茶再度复兴，并在茶道中占据了相当的话语权。反观井伊直弼，虽然依然具有地位权势，在茶道的语境下却隐隐成了没落贵族，他的《茶汤一会集》也因此有了另一层含义。

在江户时代初期，古田织部对众生平等观念的淡化无疑是对村田珠光、千利休等茶道先贤的"背反"。而在江户时代末期，井伊直弼对众生平等观念的淡化则很难不带有一丝自嘲的意味。在大名们心中，优秀的"数寄者"自然要先各尽其职，但在经济实力面前，町人们才是时代的主角。当窘迫的大名、家老们低三下四地向町人们借钱时，《传心录》上的骄傲，恐怕也尽数变成了悲哀。

莫问主宾何身份，人生片刻难重复，此时此情当珍惜。《茶汤一会集》前有武家茶的衰落，后有日本茶道的整体没落，这一系列历史转折收束于一人，这便是日本茶道与井伊直弼之间的"一期一会"。

经历了江户时代的变迁与井伊直弼的个人巅峰，"一期一会"四字最终被镌刻在《茶汤一会集》这本书中。书的卷首吾这样写道：

"茶会也可为'一期一会'之缘也。即便主宾多次相会，亦可能再无重逢之时。主人应尽心招待客人而不可有半点马虎，而客人也要领会主人心意并将其铭记于心，因此主客皆应以诚相待。此乃为'一期一会'也。"

初看这一段，山是山，水是水，珍惜当下便入了禅境。待读到武家茶取代町人茶这段历史，再回头看这一段，山非山，水非水，"一期一会"已然少了众生平等，多了等级森严。直到了解了武家茶与町人茶一道被西方文化冲击得支离破碎，再看"一期一会"四字，山亦是山，水亦是水，珍惜当下只是一种态度，为历史挂怀反而多余，这才真正是禅茶一味。

村田珠光刻意要在不平等中寻求众生平等，丰臣秀吉要在已经形成众生平等的茶道中缔造等级，这些心思在宏大的历史面前似乎也显得刻意。井伊直弼将精力集中在茶道形式本身，未尝不是一种历史的破局。《茶汤一会集》中除了茶会入门思想礼仪之外，包罗了所有茶会可能发生的场景，为每一段春夏秋冬、每一场风花雪月量身定做了"一期一会"的最优姿态。晓来会、正午会、晚来会，雪中会、名月会、花时会、柴火会、独客会、无宾主会……井伊直弼将对世界万物最细微的触觉转化成了茶道的刻度，"一期一会"的刹那也因此永恒。

以茶道而论，最具内蕴的要数独座观。独座观是"一期一会"的自然延伸：茶会结束后，主宾双方均应抱有依依不舍的心情——客人最好一步一回头地离开，而主人最好一直目送客人的身影逐

渐消失于地平线。之后，主人回到茶室，独坐炉前，一边再次点茶一边思考着，如果现在还能与客人倾心而谈就好了，只是客人已经远去，却不知何时能再把盏言欢……

以茶会而论，最具形式感的要数"风炉名残会"。"名残"一词，为日语所独有，包含了对逝去之时节、物件的留恋惋惜之意，极近日本茶道所追求的"侘"。武野绍鸥在其《绍鸥侘之文》中认为"一年之中十月最侘"，风炉名残会，自然也是为了纪念茶道中的 10 月。

10 月为何如此特别？日本人对季节更迭极为敏感，10 月作为秋季最后的月份，带来的时光交替感无疑最为强烈。在日本茶道中，10 月是"风季"与"火季"的交割之月，此月一过，风炉要换成火炉，同时也要开始喝新茶了。随着冬岁渐深，植物凋零，能装点茶室的花也变得稀少起来，难免会让人产生对百草丰茂时节的眷念之情。所以在风炉名残会中，可以增加立花的种类，因为"风季"的茶会到 10 月为止，这是一年中最能让人体味到"侘"的"一期一会"。

独座观与风炉名残会，是《茶汤一会集》中最精彩的"一期一会"，也是最寻常的"一期一会"。"一期一会"的核心本是将每一个瞬间视为独一无二的时刻，用最真诚的情感去迎接。如需要到名月花时，自是另有风雅之趣，但纵然是平常时节，也依然能激起隽永之心。

点茶方式

◎胖胖／文
◎mini／插画

茶道中的点饮环节有浓茶和薄茶之分，前者茶汤浓稠，静谧碧绿，具有强烈的清苦与鲜甜味，回甘迅猛；后者的液面多浮有不同程度的浅绿色泡沫，口感爽冽，清香怡人却不乏深邃。点饮浓茶与薄茶使用的手法和器具均不同，鉴于浓茶对于手法和抹茶的要求都很高，在此仅对薄茶点饮法做基础介绍。

一只美观合用的茶碗是初涉此道的茶客们的首选单品。日本多数窑口都有茶器烧作，选择甚多。烧制温度高，胎质坚实、釉料致密，叩之有金石之声的茶碗，其保养难度较低，较易上手。器形方面，经典的半筒形和碗形茶碗都非常适合运筅发力，而撇口低矮的平茶碗和口沿不规则的沓形茶碗等的点茶难度会相应提高。茶碗都有正面，饮用时应轻轻转动茶碗避开正面以示对茶器的尊重。

虽然日本最早的茶筅是来自中国的舶来品，但茶道中用细竹制成的二重茶筅却是地道的日本发明。茶筅有诸多规格，除却形制与尺寸特殊的天目点、野点和茶箱外，通常尺寸的茶筅按材质和穗的分支数还可以划分为诸多种类。一般来说薄茶用茶筅的分支多而密，反之，用于点饮浓茶的则拥有少而粗的分支，而在一些流派中，浓茶、薄茶通用一种茶筅。

与其他茶具不同的是，茶筅是种消耗品。正式茶会中必须使用新茶筅，而在日常使用中只要保养得当，一支茶筅的寿命可达数月甚至一年。

在茶会上暂存茶粉的容器统称为茶入。薄茶仪轨中常用的木胎漆器"薄器"还有个更广为人知的可爱别名"枣",而浓茶仪轨一般会选用陶胎牙盖织锦加身的精致小罐。因为薄器已有专属名词,茶道中提起茶入,多数情况下特指浓茶小罐。茶入的口沿都不密封,抹茶又极易氧化、受潮,茶会开始前亭主才会将抹茶从长期贮存的密封容器中取出,过筛除去静电,仔细填入茶入中。对细节的注重渗透在茶道的每个环节,薄器中的茶粉要堆积成优雅的山形,取用茶粉时,茶勺也要从"半山腰"入手。

茶勺多为竹木削成,前端(擢先)的宽度和曲度各异,因此满载时的容量也各不相同,需要提前称量确定容量。因为弯曲处采用火烤加工,吸水会导致曲度变直,所以茶勺不宜水洗,使用后用软布擦拭即可。

为了防止纤细的穗在猛烈击拂中断入茶汤,点茶前需要在后台充分润湿茶筅使其恢复柔韧,同时将吸水性强的茶碗浸水以防温湿度骤变导致惊裂。尽管已预先做好万全准备,在客人面前的点茶过程中仍然保留了仪式化的上述流程:从釜中取水倒入茶碗,旋转浸润茶筅并检查穗是否有折断,同时预热茶碗并拭干,避免点茶过程中茶汤热量的过度散失。

从薄茶器里取两匙抹茶(1.5~2克)放入碗中,轻轻划出凹痕使水流有迹可循,注入热水。水量以60毫升为宜,考虑到击拂至送呈客人的过程中的热量散失,水温应保持在80摄氏度左右。温度过高会烫口,影响品饮体验,过低则不能激发出抹茶的香气并严重影响点发效果。

注水后便进入点发环节,各大流派的点茶手法存在较大差异,对茶汤的审美也不尽相同,在此仅以在海外传播最广的里千家茶道为例进行说明。

里千家崇尚丰盈细密的沫饽,需要的点发时间相对较长。持筅从茶碗正面伸入,首先轻柔地探入并搅动茶汤将茶粉与水初步混合,再以手腕为轴加大速度与力度上下振动,使穗在茶汤中高速连贯地画"W"形。初学者不得要领,往往会不自觉地用上手臂力量,不出半分钟便精疲力竭。技巧熟练后会逐渐将发力点集中在手腕,并利用茶汤的阻力进一步提升击拂速度。在点发的尾声,放慢速度并适度提升茶筅,让穗轻扫茶汤表面以击碎过大的气泡。茶汤达到理想状态时,用手中的茶筅画一个"の"字形并停在茶汤的中心位置,缓缓提起茶筅,留下隆起的泡沫。

日常饮用中不必过分追求绵密的泡沫,使抹茶与水充分融合才是一切手法的核心。

茶事流程

茶事の流れ

◎ 脆鲜／文
◎ 揣几、施雪冠／插画

茶道活动根据仪式的繁简大体可分为茶会和茶事。前者内容简单明快，气氛也较松弛，后者流程复杂，且要求与会者具备一定程度的茶道知识素养。本篇仅以茶事中最为经典的"正午茶事"为例，对其流程进行简要说明。

茶道活动并非亭主的独角戏，缺少了主客间恰到好处的互动，茶事便不完整。客人须正装出席，穿着白足袋（和装）或白袜（洋装）并携带礼扇、怀纸。女性应避免穿着过于华美的服饰，着裙装时，长度以正坐姿态时膝部不外露为宜。香水与气味强烈的发蜡啫喱，易发出声响或反光的饰品也不宜出现在茶席上。

若以中场休息"中立"为界，将茶事分为上下两个半场的话，前半场"初座"以怀石（品茶前用的简单食物）为核心，后半场"后座"则以饮茶（浓茶、薄茶）为核心，正午茶事全程用时 4.5 小时到 6 小时不等，时间弹性与怀石的繁简程度密切相关。

01 待合、迎付

茶客们自玄关进入茶室建筑群中的寄付室，在此整理仪容，更换洁净足袋或白袜并提前取下饰品、手表等，用过半东奉上的温水后，在正客的带领下步入露地，在腰挂待合（休憩长椅）处落座，等候亭主出迎。

"正客"是一席茶客的代表，肩负着与亭主交流互动的重任。因此，正客的水平直接影响着茶事的质量，一般会推举茶道造诣较高的人担任。

主客双方在中门两侧静默一礼，客人目送亭主离开后，返回休憩长椅落座。

02

入席

客人们依次起身,在洗手钵处清净身心后,自窄小的蹦口进入茶室,研赏悬挂于壁龛(床间)的挂轴和安置于点前座的茶釜等茶道具。所有茶客进入茶室后,末客封闭蹦口。亭主等待客人坐定后,自茶道口进入茶室,双方行礼寒暄后就茶席挂轴等进行短暂问答,随后亭主离席准备怀石。

挂轴的文字中暗含着茶事的机要,过于直白则索然无味,太过隐晦又有卖弄之嫌,此处"度"的拿捏很是关键。

03

怀石

茶事的前半部分"初座"以怀石为主要内容,茶客一同享用亭主奉上的料理并在亭主的陪同下小酌。茶怀石以一汁三菜(味噌汁、向付、煮物、烤物)为基础,酌情增加进肴、强肴等菜式,酒宴环节中奉上名为"八寸"的下酒菜供客人取用,菜品、器具素雅而精致。茶客用过餐食后,亭主将道具撤下。

茶怀石严格贯彻不时不食的理念,食材与调理法、配色均以当季时令为核心,对茶道中格外重视的"季节感"进行初步诠释。

04

初炭

客人享用怀石后,亭主随即取出炭斗、灰器和香盒,更炭投香。在初炭环节,客人可以近距离欣赏亭主的点炭手法,鉴赏茶釜与香盒。亭主更炭后奉上主果子并邀请客人离席稍事休整,茶客取用主果子后离席。

更炭,在很多人的概念中是枯燥无味,甚至是难登大雅之堂的。正因如此,点炭的手法与道具才更生动地呈现着茶道对美感和细节的极致追求。

05 中立

客人们在正客的带领下进入露地稍作休息。

在此期间，亭主会对茶室进行清扫和重新布置，撤去挂轴，更换为茶席花，同时将需要预先放置在茶室中的茶道具（水指、茶入等）安置好，鸣锣通知客人入席。

06 浓茶

茶客入席为茶事的后半场"后座"拉开帷幕。浓茶是一席茶事中仪式感最为浓重的部分，茶客们正襟危坐，在静默中屏息凝神观赏亭主洗练的手法，静候清苦而甘甜的茶汤。

袭承古制，浓茶由多位客人传饮，每位客人品茶后用怀纸擦净口唇接触处，郑重地将茶碗传给下一位客人。在昏暗逼仄

的茶室空间内共饮一碗茶，客人间的距离感与戒备心被一举打破，惺惺相惜的情感油然而生。

浓茶使用高阶抹茶炼制，稠密而醇厚，入口极致鲜甜，在食用主果子之后饮用，有"甘露之味"。但其香气与可口程度随着温度下降会迅速衰减，茶汤也会变得更加黏稠，影响体验。不仅亭主需要在保证质量的同时兼顾速度，茶客们在品饮时也要充分照顾到同伴的体验，尽快将茶传给下一个人。

浓茶后有时会进行第二次更炭（后炭），有时则予以省略。

07 薄茶

一反浓茶席的紧绷和严肃，薄茶席相对轻松闲适。亭主奉上干果子之后，依次为每一位客人点茶。

如果说浓茶仅仅活跃于茶道世界的话，薄茶则更加接近大众对"抹茶"的印象，碧绿的液面上或朦胧如散云薄雾或绵密如凝脂积雪的泡沫，将茶汤的美学深植于每位饮茶人心中。一席

"茶事"中，浓茶与薄茶一张一弛，双剑合璧，而在多数"茶会"中，薄茶则是领衔主演。

饮毕茶，鉴赏过茶道具后，茶事便步入尾声。茶客对亭主无微不至的款待表示谢意后，依次离席。

碍于篇幅，本篇中笔者仅用简短文字勾勒出茶事的框架，其中每一个看似单纯的模块，都由无数语言动作的精密零件构成，这些构件，又因时节、茶道具的不同而千变万化。

诚然，茶道非常烦琐，但从宏观角度看，细节与条框有助于传承。兴许正是因为事无巨细、有法可依、有迹可循，被称为茶道的文化精髓才流传至今，并有望长久地传承下去。

风雅茶事，四季行之

四季折々、茶事を楽しむ

◎ 胖蝉／文
◎ 摘梨／插画

中国与日本都是四季分明的国家。

茶事应和着四季，即便端坐于茶室之中，仍能在道具、文字与体感的奏鸣中感知季节的律动：春花夏瀑，秋虫冬雪。同时，茶道又照顾着在四季更替中彷徨任性的人们，使春凑得近些，夏少几分闷热，秋的色彩更加浓艳，冬季不要太过寒冷。在红炉一点雪的冲突与妥协中，缔造出极致的美与感动。

风炉与地炉

若将茶人的一年一分为二的话，5~10 月是风炉的季节，其余月份则是地炉的季节。

在寒冷的时节，近在眼前的暖融融的地炉熨热着茶客们的手足，大茶釜中泛起的袅袅水汽裹着热浪上升，令人备感安慰。

漫漫长夏，风炉保护着火炭使热力不致过分逸出，只求给茶客留下哪怕一分凉意。在风炉与地炉的引领下，一众茶道具占据着五感，将当下的季节以不失本味却更易接受的形式呈现在茶客面前。

二者切换的时间点，正是人们对即将到来的酷暑和严寒一筹莫展，心底对清凉和温暖呼之欲出的那一刻，于是每一位茶客都不由得由衷感叹：

"风炉（或地炉）的季节终于到了啊！"

休忌的日期也相应从旧历 2 月底平移到了 3 月下旬, 各大流派的日程略微错开, 避免相互冲突。

　　茶道大成以来, 经历几百个春秋, 一些传承有序的唐物茶道具甚至比茶道本身更为年长, 在片刻的饮茶体验中感受在指尖缓缓流过的时间洪流, 是茶道独特的魅力之一。

初釜式

对茶人来说, 初釜式是一年的起点。

　　新年伊始, 开年茶事首先渗透一个 "新" 字。将元旦清晨汲取的 "若水" 留存事茶, 取柳枝装点花入, 新泉与新绿, 象征着熬过寒冬蓄势待发的生命力, 也蕴含着未来一年的无限可能。即便是平素贯彻冷枯风格的茶人, 在初釜式上也得求个好彩头, 选用的茶道具与展示方式相较平日都要更华美一些。

　　新年被人寄托了太多的意义, 画一条线, 有仪式感地跨过去, 将过去的一年的包袱与烦恼抛诸脑后, 轻装面对新的机会与挑战。茶道的新年亦是如此, 在这个日子里, 窗外的季节是次要的、朦胧的, 茶客心中的景色才是最重要的。

口切茶事

在物资并不充裕的古代, 每年新茶采收后将烘制好的碾茶封存于茶壶 (贮茶罐) 内陈放, 磨去棱角, 挫掉锐气, 酝酿出醇厚的韵味。将茶壶的封口割开, 让新茶再见天日之时, 便是口切茶事的时节。

　　一场口切茶事, 再到另一场口切茶事之间的时光, 既是人的一年, 也是茶的一个生命周期。

利休忌

利休忌是缅怀草庵茶的集大成者千利休的法会与茶会, 也是茶道家系一年中最重大的活动。随着日本将旧历更换为公历, 利

　　茶道的季节源自四季的律动, 却又不固步于四季的律动。

　　炉火的一季, 茶人的一年, 茶道的百年和茶的一期, 茶道的自然律动中深深镌刻着人文的符号, 也正因如此, 茶道才有了直击心灵的力量。

茶席花入门：至雅之华

茶の湯を彩る「茶花」

◎胖蝉／文
◎Ricky／插画

铁线莲

昔日，茶与花乘着佛教的巨舰一路向东，以寺院为原点在日本扎根。经过长久的取舍与创新，寺院吃茶与佛坛供花相继完成了本土化，羽化成日本传统文化中的璀璨双璧：茶道与花道，不论在本土还是海外都有着众多修习者。这也让许多人想当然地认为茶席花是花道在茶空间的实践。而事实则让许多人大跌眼镜，茶席花不论从理念、选材到手法都与花道大相径庭。

作为茶事／茶会的一环，茶席花需要与茶空间的气质氛围保持高度契合。这也就意味着在绝大多数情况下，过分艳丽的色彩、奔放的满开花材、强烈的香氛、突兀的造型与破坏季节感的反季花材在崇尚质朴含蓄与自然韵律的茶席上都不会出现。

以茶席常客山茶花（椿）为例，能以满开状态登场的只

紫阳花

有佗助系的极端小花品种，其余品种均以蓄势待发的花蕾状态出现。仅此一项，就导致装饰用花中的诸多品种都与茶席无缘。

除为茶客带来美的体验外，茶席花最重要的使命便是将当下的时节以一种高度浓缩的形式呈现给客人，正因如此，非当季花材会引发强烈的违和感与错乱感。茶人需要洞悉自然规律，选取当月状态最好的花材搭配花入组席。

茶席花创作的核心理念是发掘并再现自然状态下花草的美，人为干涉的痕迹越明显，茶席花距离浑然天成的理想形态就越遥远。创作茶席花的动词"投"，与花道的"立"形成鲜明对比，充分体现出前者对自然状态的尊重。花道中常用的"剑山"（插花用的带刺的底座）能协助创作者呈现复杂而富有层次感的动势和强烈的生命力，而茶席花中仅依靠

水仙

花材与花器互相支撑造型，有着别样的难度。

作为茶道具中规格较高的一类，花器自古以来便得到各工艺领域艺术家、匠人们的重视，各大陶瓷器窑口均有花器创作，金属工艺和竹漆器工艺领域的佳作也为数众多。虽说花道中使用的花器和茶席花器并没有严格的界限，但因为手法与理念的差异，缺少支撑需要剑山辅助或风格过于外向华美的花器并不适合茶席。

茶席花器根据装饰方式可分为置花入和挂花入两个大类，前者放置于壁龛（床间）等的地面，后者悬挂于壁龛墙面或内柱（床柱）之上。置花入下方为榻榻米的，一般使用薄板以隔绝露珠水汽，竹编花器等有内筒的花入因为花入本身承担了该项任务，遂不再用薄板。

茶席花同样渗透着茶道"真""行""草"的格式理念，

梅花

中国舶来的古铜与青瓷（如龙泉窑等出产）古董花器的规格最高，为表现庄严之感，插花风格也应明快而端正。竹编花器野趣盎然，更适合表现错落随意的状态。由利休创作并提携的竹筒花入因为风格素朴百搭且便于由茶人自行选材制作，倾注创意，自古至今都广受青睐。

茶道中对不同材质、品类花入的使用季节并没有事无巨细的规定，一切以能够表现花草的理想状态为中心。唯一的铁则便是充满清凉感的竹编花器仅在风炉季使用。

蓟

日本茶と浮世絵

日本茶与浮世绘

◎ 撰文、编译
◎ 日本国立国会图书馆、大都会艺术博物馆、
美国国会图书馆 供图

《三月飞鸟山赏花》（局部），铃木春信，美国国会图书馆藏

《茶屋男女图》喜多川歌麿 日本国立国会图书馆

$\dfrac{1}{2}$

1《六十余州名所图会 伊势 朝熊山峠茶屋》 歌川广重 日本
国立国会图书馆
2《新形三十六怪撰 茂林寺的文福茶釜》月冈芳年 日本国立
国会图书馆

《女礼式内 茶汤图》杨斋延一 日本国立国会图书馆

《千代田大奥 茶汤图》杨洲周延 日本国立国会图书馆

畠山纪念馆：城市深处的侘寂之所

畠山記念館：都会に秘められた侘び寂びの聖地

◎ Teki ／采访 & 文
◎ 畠山纪念馆 ／供图
◎ meiki ／编辑

净乐亭、毗沙门堂等茶室。在美术馆门口换上拖鞋，进入一楼展厅，迎面是一尊由国宝级雕刻艺术家平栉田中所做的畠山先生全身楠木雕像。二楼的展览空间多采用原木色系，无天顶的照明，完全依靠两侧窗户的自然采光，且在室内还原了一个四叠半的茶室。从庭园门口一直到展览空间，让来客能在茶之汤的文化氛围内欣赏国宝级别的藏品。

通过『鉴赏及品味包括茶道具在内的美术品，继而更加珍视本国文化』这一信念，将『在日本的文化与风土中诞生发展的茶文化传承给后世』，这便是畠山先生想要传递给后人的茶道理念。千利休的时代展示了茶人对于打破阶级的思考；畠山先生的时代，『数寄者』们通过对一件一件道具的珍视与保管，前人带领后人进入茶的世界；而在当下，畠山纪念馆的工作人员精心照顾着这处世外桃源，期待能让创立者所留下的物件跟随时间推移展现给更多的观众。

1 ⎯ 2 ｜ 3 ⎯ 4

1 畠山纪念馆外观
©Eiji INA 提供

2 畠山纪念馆内部主展示大厅
©Eiji INA 提供

3 明月轩
©Eiji INA 提供

4 "友之会"茶会
畠山纪念馆 提供

东京港区的居民区内，藏着不少值得挖掘的美术馆与博物馆。从车站步行10分钟，待离主干道的喧嚣越来越远，路过一栋气派无比的白色欧式建筑后，畠山纪念馆的牌匾随之映入眼帘。拾级而上，庭园大门上是畠山家家纹，圆心两道平行的黑线，出自足利氏的『圆内两引两纹』。进入庭园，一条顺平的石道在眼前延伸，左右是树龄超过200年的糙叶树与其他乱中有序的绿意。正值盛夏，耳边蝉鸣与树顶风声交织在一起，让人一下子从炎热烦躁的现实进入一个清新恬静的世界。跟随石子路的引导，在一柳暗花明处的拐角，畠山纪念馆才露出了它的真容。

畠山纪念馆，是一座以茶道具为中心，还包括书画、陶瓷、漆器、能装束等展品的私立美术馆。美术馆创立者为畠山一清(1881—1971)，号即翁，是日本有名的实业家。他出生于石川县金泽市，东京帝国大学(现东京大学)毕业，作为技术开发者与东京帝国大学的教授井口在屋凭借对水泵技术的开发，创建了荏原制作所，至今也是日本超一流的实业公司。作为实业家的同时，他也凭借对能乐与茶道的热爱，用近50年的时间收集了数以千计的美术品。『即翁与众爱玩』，此言是畠山纪念馆创始人畠山即翁的藏印，译为『与其将收藏独赏，即翁喜爱与众人分享，以此为乐。』因此即翁于市内一角建立了专门展出他个人收藏品的畠山纪念馆。纪念馆所在的位置曾经是江户时代萨摩藩主岛津家的家宅，畠山先生于1937年买下，在高墙筑起的庭园内，除了

日语中有一词"数寄者"(すきしゃ)，与"喜欢"的"好き"(すき)同音，且字面上的理解为"热衷于茶道，收藏许多茶道具的人"，原意是指传统艺术的业余爱好者。日本近代时期，商界流行茶道社交，茶人间喜爱收藏茶道具，并在茶会时相互展示，这与桃山时代富裕阶层茶文化流行时的风气类似，因此出现了"近代数寄者"一词专门指代。畠山先生的收藏数量便是在与数寄者的不断交流中建立起来的，并于建馆的那一年将所有的藏品都捐给了纪念馆。而在如何展示这些珍贵道具方面，他也做了很多构想，并亲自设计了藏馆的整个空间。

专访
水田志摩子 |

"一年四季,在茶的世界里也是非常重要的语境。我们把整个美术馆视为茶屋,把在馆内参观视为品茶的话,自然地茶道具也要跟着四季的流逝而做调整。"

水田志摩子,东京学艺大学研究生院教育学研究科美术教育专业书道、书艺课程毕业。自 2009 年开始担任畠山纪念馆学艺科长。专业是日本书艺史、茶道美术史。现在不仅在实践女子大学和明治学院大学担任讲师,还去小学、中学、高中讲课,并通过规划展览或活动,向各个年龄段的人群传播日本艺术的魅力。

水田志摩子与馆内的畠山即翁寿像(出自平栉田中之手)

照片提供:畠山纪念馆

知日:请问美术馆是建立于哪一年? 还请您介绍一下纪念馆的建立初衷。

水田:1964 年,正好是东京奥运会那一年。畠山先生出身于金泽市,是武家后裔,祖上可追溯到能登的大名畠山氏族。金泽自古受武家文化影响,茶道、能乐文化盛行。畠山先生的父亲就喜好能乐,他咏唱谣曲的能力可以达到能乐师的水平。畠山先生从金泽来到东京大学求学,当时是以首席身份毕业,毕业后成为一名技术工程师。你在进入庭园的时候应该看到了两位先生的雕像,一位是畠山先生,另一位是他的恩师井口在屋先生。井口先生也是东京大学的教授,当时他提出了关于水泵设计的理论,畠山先生将之变为现实,创建了荏原制作所。畠山先生时任社长,作为公司管理者的同时,基于他从小在金泽的传统文化耳濡目染的影响下对茶道及能乐的热爱,而开始收集茶道具。

知日:也就是说,畠山先生的收藏是来到东京后才开始的。

水田:是的,他在成为一名工程师后,在工作上历经波折,终于建立自己的公司,才开始了对于热爱之物的收藏。其中最早开始收藏的是九谷烧陶艺,一是因为此陶器传自他的家乡金泽,二是因为当时九谷烧收藏很流行。后来开始收藏茶道具是因为他对茶道的了解越发深入,会发起茶会邀请客人品茶,茶会上茶道具的选择非常重要,茶道具也可以作为与众人分享把玩的展示品。

知日:畠山先生是否在哪个茶道流派下学习或者修行过呢?

水田:金泽地区流行的是里千家流派,畠山先生一边学习里千家茶道,一边参加企业家间相互招待的茶会。在日本,商业人士的社交场合给人的印象大都是打高尔夫球啊,在高档餐厅用餐等,其实召开茶会、与来客品茶赏析,也是很多企业家会选择的活动方式。现在成为展品的这些收藏,在当时畠山先生召开茶会的时候都被实际使用或展示过。畠山先生的茶会并不拘泥于茶道流派,这一点你从受邀来参加的人物就可以看出来。知名的企业家、大学教授等宾客的共通性是大家都是数寄者,也就是大家都是坚持做好自己的本职工作又热爱茶道的人。在数寄者茶会上不仅有商业上的交流,更多的是关于茶道具收藏的信息交换。要知道,在茶道的世界里,入手茶道具挺困难的,有些陶艺师或者所有者,会很谨慎地挑选下一位拥有这件器具的候选人,有时候甚至会很任性地拒绝买卖,理由仅是觉得对方不能很好地保存它。

知日：看到二楼的展厅里也有一间四叠半茶室，甚至连茶室外的露地、石笼都被再现，这些也是畠山先生设计的吗？

水田：是的，为了营造一个能够让人静下心来的观赏空间，畠山先生特意不使用任何天顶照明，光线是通过两面窗户透进来的自然光。室内的茶室按照茶庭跟茶室的功能完全还原，你可以看到石笼旁竹筒里的水还是流动的。窗外传来蝉鸣与风声，甚至竹筒下的流水声——这是听觉；面前是一件一件具有历史意义的茶道具珍品——这是视觉；我们还可以给客人用珍贵的茶碗端上一碗抹茶，让他们在廊下享用——这是味觉和触觉。客人进入这个空间，我们希望他们的五官五感都同时进入茶的世界。整个展示空间内，其实也是按照正规的茶室空间来摆放藏品的，如从楼梯上来之后人们首先会看到的是茶室里的床间，在这里我们挂上了与季节相宜的画轴；中间则用独立的立柜单独展示每件藏品，就像是茶会上各个客人面前的茶碗以及道具的摆放。

展厅内再现的这个茶室，畠山先生亲自提名为"省庵"，是在他 84 岁畠山纪念馆开馆那年起的。客人可以在四叠半的茶室里欣赏画轴、品茶、冥想，在这里只要客人觉得放松、心情舒适，就符合这个空间的设计初衷。其实室外的空间也遵循这一理念，从大门走向主馆的道路特意设计成粗糙天然且不笔直的石路，进入庭园并不能马上见到建筑，而是要经过拐角处才能看见，这是参照了传统茶庭里从门到茶室之间的"露地"设计。

1 |
---|---
2 |
3 | 4

1 国宝《烟寺晚钟图》 牧溪绘
畠山纪念馆收藏并提供

2 重要文化财产 唐物肩冲茶入 铭"油屋"
畠山纪念馆收藏并提供

3 省庵
©Eiji INA 提供

4 重要文化财产 金栏手六角瓢形花入
畠山纪念馆收藏并提供

知日：为何美术馆的展览会根据季节变化一年举办四次？

水田：一年四季，在茶的世界里也是非常重要的语境。我们把整个美术馆视为茶屋，把在馆内参观视为品茶的话，自然地茶道具也要跟着四季的流逝而做调整。

知日：我看到还展出了如屏风这类并非茶道具的收藏，这和茶道又有怎样的联系呢？

水田：在数寄者之间的茶会上，大家品茶之余，还会向众人展示自己的收藏，于是你会看到我们的展览中还会有屏风、画轴、观赏陶器之类的收藏。经过了江户、明治、大正时代之后，一度处于严肃家元制度下的茶道，在"近代数寄者"的引领下开创了新时代茶文化风潮。所谓新时代，就是大胆使用不曾在茶会上使用的道具，比如在床间挂上本来一直不能挂的佛教艺术的画轴。首次打破这个传统的，正是近代数寄者的代表人物益田钝翁（1848－1938，日本实业家，三井物产创始人，作为茶人被称为"千利休之后的大茶人"）。近代数寄者们向往的是千利休时代的茶道，利休的时代也是一个文化创新的时代。虽然现在看来桃山时代的利休是历史人物了，但在他所处的年代，他的思想与实践都如同现在的当代艺术一般，极为前卫。

畠山先生被称为"最后一代的近代数寄者"，他也是在得到前代数寄者们的言传身教后，通过收藏茶道具开始自己对于茶人精神的表达的。

1 古赤绘刀马人纹钵
畠山纪念馆收藏并提供

2 重要文化财产 备前火襷水指
畠山纪念馆收藏并提供

3 重要文化财产
志野水指 铭"古岸"
畠山纪念馆收藏并提供

1
—
2
—
3

知日：请给我们介绍其中两件茶道具的藏品吧。

水田：首先想介绍的是这件被指定为重要文化财产的"柿之带茶碗 铭 毗沙门堂"。这是件给了畠山先生很深影响，跟第一代近代数寄者益田先生有关联的国宝级藏品。据说这件作品也曾给益田先生过目，但他因要隐居而断念，之后被畠山先生购入，益田先生在茶碗的展示茶会上再次与作品重逢后，回去写下狂歌以解后悔之情。现在室外的茶室之一毗沙门堂的名字就是从此茶具而来。

　　还有这件重要文化财产"伊贺花入 铭 枸橘"。这件作品原是金泽某位人士的收藏，经中间人介绍被畠山先生买下。金泽的收藏家都有将珍品当家传之物的习惯，不到家道中落的最后时刻不愿放手，但畠山先生大概是因为也是金泽人，所以得到了这件作品。当时畠山先生居住在东京，这件藏品被送往东京的当天，金泽当地的五六十位数寄者还聚集起来为它送行。

知日：除了茶会之外，美术馆还会举行什么活动吗？

水田：我们会举办一些针对茶道初学者的活动，比如"初识茶之汤"，就是面向一些刚开始对茶道感兴趣但不知如何入门的客人。起因是我在4年前编写的一本关于茶道的导览书。我们的想法是，在展览上通过对茶道的基本知识、礼仪进行简单易懂的讲解，让大家在看到真实的茶道具之余，激发他们进入茶道世界的兴趣。

知日：畠山纪念馆被外界封以"茶之汤博物馆""市中之隐"的称号，请问您是如何看待这些称呼的？

水田：作为在日本的一座以茶道具收藏为中心的美术馆，我们致力于打造一个让世界上任何人都可以进入的茶文化空间。同时我们既然被赋予了这样的期待，就更有责任将这样的日本文化传承下去以及传播给后人和世界。

1
—
2

1 重要文化财产
柿之带茶碗 铭 "毗沙门堂"
畠山纪念馆收藏并提供
2 重要文化财产 伊贺花入 铭 "枸橘"
畠山纪念馆收藏并提供

「茶道」博物館纪行

「茶道」博物館巡り

©meiki／文

京都左京区冈崎最胜寺町 6-3

细见美术馆

开馆时间：10:00~18:00
闭馆日：周一

01

官网：https://www.emuseum.or.jp/

细见美术馆在 1998 年开馆，馆内展品
以日本实业家、收藏家细见古香庵生前
的收藏为主，涵盖从佛教、神道美术品
到与茶汤相关的艺术品，还有琳派画家
伊藤若冲的江户时代绘画等。美术馆内
还设有茶室和咖啡厅，也会举办一些普
及日本传统文化的教育活动，比如面向
大众开放的讲座"读懂浮世绘"，或是
七夕时在茶室内举办的茶会等。

东京中央区日本桥室町 2-1-1

三井纪念美术馆

开馆时间：10:00~17:00

闭馆日：周一

02

官网：http://www.mitsui-museum.jp

三井纪念美术馆建成于 2005 年，与三井家族和三井集团渊源不浅，光是三井家便提供了藏品 3 700 多件。虽然成立的时间不长，但是馆内藏品十分丰富，包括国宝 6 件，国家重要文化财产 71 件。而这其中日本国宝"志野茶碗 铭卯花墙"无疑是极为珍贵的一个。

　　三井纪念美术馆中的藏品涉及很多方面，除了茶道具之外，还有能面具、刀、墨迹等。

东京港区南青山 6-5-1

根津美术馆

开馆时间：10:00~17:00

闭馆日：周一

03

官网：http://www.nezu-muse.or.jp

根津美术馆是收藏日本艺术品、画作的博物馆，1941 年由东武铁道社长根津嘉一郎创立，其中的展品也有不少是根津嘉一郎先生的个人收藏。后经过数次扩建整修和民间私人收藏家的捐赠，如今根津美术馆内的藏品已达 7 400 多件，包括日本重要文化财产"青井户柴田""雨漏茶碗""鼠志野茶碗"等名品。如果想要鉴赏日本茶道历史上的名品茶碗，根津美术馆绝对是不二选择。

东京千代田区北之丸公园 3-1

东京国立近代美术馆

开馆时间：10:00~17:00

闭馆日：周一

04

官网：http://www.momat.go.jp

东京国立近代美术馆始建于 1952 年，分为美术馆和近代工艺馆两个部分，现有藏品 9 000 多件。在东京国立近代美术馆中，你可能看不到那些历史名家的茶道具，但这里有不少近代艺术家创作的茶碗，包括荒川丰藏、北大路鲁山人、清水卯一、铃木藏、十五代乐吉左卫门等艺术家的作品。

东京世田谷区冈本 2-23-1

静嘉堂文库美术馆

开馆时间：10:00~16:30
闭馆日：周一

05

官网：http://www.seikado.or.jp

静嘉堂由三菱公司的第二代社长岩崎弥太郎和他的儿子——三菱第四代社长岩崎小弥太共同创立。"静嘉堂"取自《诗经》中《大雅·既醉》的"笾豆静嘉"一句。静嘉堂中藏有日本国宝7件、重要文化财产84件以及将近20万册日本和中国古籍。原本静嘉堂是以古书籍为主的私人收藏馆，在1992年开始对公众开放，并且将名字正式改为静嘉堂文库美术馆。这其中最有名的当数日本国宝——来自宋代中国的"曜变天目"（稻叶天目）茶碗。很多人都为了一睹曜变茶碗之姿而专门去静嘉堂。

静冈县热海市桃山町 26-2

MOA 美术馆

开馆时间：09:30~16:00
闭馆日：周四

06

官网：http://www.moaart.or.jp

MOA 美术馆是位于静冈县的私立美术馆，"MOA"来源于创始人冈田茂吉的名字缩写。秉承着"美术品应该让更多的人欣赏，发挥其最大价值"的理念，MOA 美术馆经常与当地机构合作举办活动，力求提高当地旅游文化业的发展。

　　MOA 美术馆中有 3 500 多件展品，以东洋美术为主，比如尾形光琳的"红白梅图屏风"、野野村仁清的"色绘藤花纹茶壶"和本阿弥光悦的"樵夫时绘砚图"等。展馆建在高地之上，在这里你可以看到从房总半岛到伊豆半岛的180 度海景，好风景配上绝妙精巧的展品，MOA 美术馆绝对值得一去。

京都上京区河原町通今出川下 1 筋目东入梶井町 448

北村美术馆

开馆时间：10:00~16:00
闭馆日：周一

07

官网：http://www.kitamura-museum.com

北村美术馆的馆藏以实业家、茶人北村谨次郎（1904 － 1991）生前的收藏品为主。北村夫妇都是狂热的艺术品爱好者，在昭和年间收集了大量精美的艺术品，其中有唐三彩，还有从朝鲜、东南亚、欧洲等地漂洋过海来的艺术品。1977 年，北村法人集团为北村夫妇收集的这些藏品设立了北村美术馆。其中有重要文化财产 34 件、重要美术品 9 件。仁清作色绘麟波纹茶碗也在其中。北村美术馆位于京都的鸭川河畔，附近的风景也相当漂亮。

京都上京区崛川通寺之内上

茶道资料馆

开馆时间：09:30~16:30
闭馆日：周一

08

官网：http://www.urasenke.or.jp/textc/
gallery/tenji/index.html

茶道资料馆是由里千家第十五代鹏云掌门人在 1979 年设立的资料馆。这里有茶道的相关资料和书籍，如果是对茶道研究颇深的茶人，不妨到这里一看。资料馆内设有珍品茶道具的馆藏展示室，还有茶道研究中十分宝贵的资料《今日庵文库》，以及历代里千家掌门人的著作和室町时代以来的 5.5 万部茶道文献资料，可谓是茶道中的"四库全书"。在资料馆的二楼，有还原建造的里千家著名茶室"又隐"，参观者也可以在其中体验茶道，感受清净氛围。

东京港区赤坂 9-7-4

三得利美术馆

开馆时间：10:00~18：00
闭馆日：周二

09

官网：https://www.suntory.co.jp/sma/

提到三得利，脑海里是不是首先会想到乌龙茶？其实，除了饮料，三得利艺术财团的美术馆也相当"强大"。展馆设计由著名建筑师安藤忠雄操刀，以"传统和现代的融合，寻找生活之美"为主题。馆内有藏品 3 000 多件，包括野野村仁清的"色绘鹤香盒"和他的"色绘七宝系纹茶碗"，还有室町时代的"旅枕花入"等相当有历史的茶道具。

馆内设有茶室，茶室设计由另一位日本建筑大家隈研吾主持，在其中也可以体验正宗的日本茶会流程。

京都北区紫竹上之岸町 15

高丽美术馆

开馆时间：10:00~17:00
闭馆日：周三

10

官网：http://www.koryomuseum.or.jp

正如其名，高丽美术馆主要收藏高丽、朝鲜王朝时代的美术品，包括高丽茶碗、陶器、画卷等。日本一直是一个善于吸收多元文化的国家，茶道具中也体现了其多元化，高丽茶碗便是日本文化特征的缩影。

茶怀石的精髓：款待之心与清寂的美学

茶懷石の真髄：おもてなしの心と清寂の美学

◎ 张启帆、葛蓓蓓／文
◎ 摘梨／插画

准确来说，我们想象中充满清寂感、没有烟火气的怀石料理应该被称为『茶怀石』。现代日本的语境下，人们所说的怀石料理多为沿用茶怀石形式的商业宴席料理。不同于商业会席料理，茶怀石依然保持对茶道本心的追求，恪守茶怀石三大原则，希望带给尊贵的客人精神上的超脱与愉悦。茶怀石的精神内核来自茶道，而精髓在于款待之心。其对食材的考究，对时令美味的追求，复杂的礼仪，拗口的菜品名称乃至不以言表的肢体暗示都体现了主人的待客之道。客人对于款待之心最好的回应便是认真度过品尝茶怀石过程中的每一秒，细细感受朴素的美学。

茶怀石的起源与现在

怀石的原意为怀中抱温石。早在千利休时代的茶会记中就有关于怀石料理的记载。相传怀石是修禅的和尚在修行中为抵御饥饿与体寒所发明的一种手段。和尚们把蛇纹岩烧热后,用布料包裹放在腹前。温石的热量不仅可以驱寒,还能让饥饿得到缓解。

在怀石料理(与会席料理在日语中同音)诞生前的室町时代,奢华铺张的本膳料理占据了主流,彼时茶与料理是一组平行线,并无从属关系。从草庵茶的开山祖师珠光开始,茶的精神性不断得到提升,茶席料理也相应进入了改革期,逐渐成为衬托茶的配角。其后,草庵茶的集大成者千利休对茶席料理进行了大刀阔斧的削减与升华,至此,茶怀石才初具雏形。时至当代,茶怀石仍然在茶事中扮演着重要的陪衬角色,而在茶怀石框架上发展起来的怀石/会席料理则走出了茶席,成为日本高级料理领域最具代表性的成员之一。

空腹直接喝浓茶对胃部有极大的刺激,因此在正式饮浓茶之前加入怀石料理。茶怀石中的主角毫无疑问是茶。料理只是为了衬托茶的存在。一切都是为了传达主人的款待之心。一切都是为了客人能在茶朴素的味道中感受到清寂的美,获得精神上的享受。

时令·食材·款待

茶怀石中有三大原则:使用时令的食材,活用素材原本的美味,对客人的款待之心。这三点中,时令和素材的美味强调的是料理本身的朴素,这点与茶道侘寂的精神性有相通之处。对客人的款待体现在对客人的尊重、礼节乃至察言观色上。

在食材上重视海鲜与山菜的搭配,对于可能会发出咀嚼声的食材,会在食材表面刻入细纹,骨刺也会一根不留地仔细剔除。从厨房把日本酒和料理送到客人面前时的酒的温度和料理的新鲜程度也要讲究。在礼节上细致到拉开日式拉门时的声响大小与主人呼吸的频率也要注意。不单只是食物的美味,还要让客人感受到尊重与受重视,但又不能让客人诚惶诚恐,其中的度极难拿捏。

时令、食材和款待中体现的是日本人待人接物的态度和对美学的理解,朴素与真诚的同时严谨而细心。

茶怀石料理的基本构成

茶怀石料理是茶会中的一环,作为最后浓茶前的铺垫而存在。基本构成是一汁三菜(三菜一汤)。基础菜品有汁(味噌汤)、向付(生鱼片刺身)、煮物(炖菜)、烧物(烤菜,主要是烤鱼)和米饭。主人首先放上有三个碗的膳盘。朝着客人的方向左下为米饭,表示对来客的欢迎之意。右下为味噌汤,多用红白味噌为底加以时令蔬菜和豆皮。向付放在膳盘的最上方构成一个漂亮的等边三角形。客人先三两口吃完米饭、喝完味噌汤便可向主人眼神示意,主人会亲自为客人斟上一杯日本酒。饮毕,用利休筷(相传千利休发明的一种双尖头筷子)吃生鱼片。全部吃完后,主人撤下膳盘,并依次上煮物和烧物。所有的食材都选用时令上最新鲜的素材并且严格控制从出锅离开厨房到进入客人嘴里的时间。客人吃完一道菜之后,主人会根据客人的状态调整上菜速度。根据情况和茶会规模会追加吸物(高汤)、八寸(海鲜盘)等。所有的料理的量都很小,都是为了最后的浓茶做铺垫。最后主人亲自打好抹茶送到客人面前并附上和果子。在主客聊天与问候中,茶会到达高潮。客人在清理器皿并向主人表达款待的谢意后,茶会落下帷幕。茶会全程朴素而充满克制,更像是一种仪式,让人在充满仪式感的茶会的清寂氛围中寻找内心的平静。如果只是为了一饱口福的同时享受日式款待,高级怀石料理店更加合适。

菜品、礼节与食器细节

1 向付、味噌汤、米饭（第一回）

茶怀石料理中，主人会按照从主宾到来客的顺序，首先呈上一个名为"折敷"的没有盘脚的膳盘，膳盘上方中央位置摆放的是向付（即生鱼片），左下角摆放的是饭碗，右下角摆放的为汤碗，三者构成一个完美的等边三角形（见图1）。汤碗下方摆放的是一双杉木材质的利休筷，为方便客人取用，筷子的右端在摆放时会超出膳盘两指的距离（见图2）。由于利休筷是预先用水沾湿的，因此客人在使用前，要用干巾先拭干上面的水分。在主人说"请慢用"后，客人左手取下木制饭碗的盖子，右手取下木制汤碗的盖子，两者需要同时进行，然后将汤碗的盖子叠在饭碗的盖子上，一同放在木制方盘的右侧（见图3），接着拿起筷子开始进食。在进食过程中，客人要左手端起木制饭碗，右手持筷，吃一口饭再喝一口汤，然后将器具放回原来的位置，盖上饭碗和汤碗的盖子。放置入过口的筷子时需要将筷尖朝前，放在稍微超过木制方盘的左边框的地方。有边框的木制方盘不会配备筷架，因此才会放在左边的边框上。

2 酒（一献）

酒在茶怀石料理中一般会出现三次，即"酒三献"，这里呈上的酒为第一献。主人须将等同于客人数量的酒杯叠放于酒台之上，放置在左手边，并将酒壶放置在右手边，然后坐在主宾面前，从主宾开始依次为客人斟酒（见图4）。客人在饮完酒后，要将酒杯放置在向付的右侧（见图5），随后拿起筷子开始食用向付。

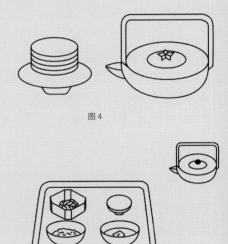

图4

图5

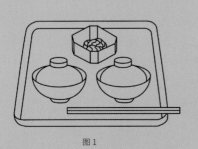

图1

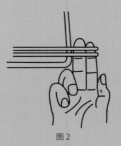

图2

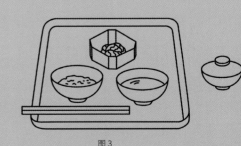

图3

3 饭和第二碗汤

首先，主人要根据客人的数量来估算饭量，然后将饭一起盛到盛饭的器具中（见图6）。随后，主人要端着盛饭的器具来到主宾面前，说："请用饭。"当主人将盛饭的器具放在主宾面前，说要来盛饭时，主宾须回答"请交给我吧"，然后接下盛饭的器具。接着主宾打开盛饭的器具的盖子，交给第二位客人，依次传到最后一个客人那里。随后，主宾将饭盛到自己饭碗里，然后把盛饭的器具交给下一位客人。

当最后一位客人盛完饭后，接下来主人开始劝说主宾喝第二碗汤，并将主宾的第一个汤碗放置在托盘中撤走，随后马上折返带走第二位客人的汤碗。主人再次回来的时候，要给主宾带来一碗新的汤，然后带走第三位客人的汤碗。接下来带来第二位客人的汤，再带走第四位客人的汤碗，依此类推。当呈上最后一碗汤时，主人要撤下之前分饭的空器具。

4 炖菜

接下来呈上的是炖菜。由于上一份汤是味噌汤，因此炖菜采用的是清汤。味噌汤里面主要是蔬菜，而炖菜里面则使用了丰富的应季鱼肉、鸡肉，结合了浓厚与清淡的口感，并且会在绿色的蔬菜上添加芳香佐料。茶怀石的炖菜是一汁三菜中的三菜之一，炖菜的量较大，应该是将整个过程推上顶峰的料理。主人在呈上炖菜时，要将主宾的炖菜放在圆形盘子上再送去，其余客人的炖菜则放在长方形的盘子上送过去（见图7），然后招呼大家说："趁着还没冷，请用。"客人则要在炖菜呈上之后马上品尝。

5 酒（二献）

到这里，主人再次呈上酒。这时客人如果不需要的话可以婉拒。

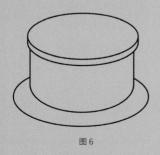

图6

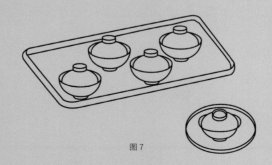

图7

6 烤菜

接下来主人呈上烤菜（见图8）。烤菜主要是烤鱼和烤鸡，但也不一定是。有时候可能是蒸菜、炖菜和油炸食品，也有可能是蔬菜和斋菜（腐竹、豆腐等），范围很广泛。主人须用钵、盘子、手钵、盖子等陶器类或瓷器器具盛放烤制品，并用水沾湿一双青竹筷，轻轻地擦拭后放在器具之上。随后，将托盘放置于主宾面前，对着主宾说："请盛取后传给别人。"主宾在拿到烤制品的钵后，切一块烤制品放在炖菜的盖子上（见图9），再传给下一位客人。

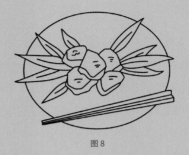

图8

7 饭（第二回）

烤制品之后，第二次上饭。这次，主人要在盛饭的器具中装上充足的饭，像上次一样呈上。首先交给主宾，客人拿到盛饭的器具后往自己饭碗里盛饭，然后再交给下一位客人。随后，主人再次询问客人添汤的意愿。这时，按照惯例，客人一般会拒绝第二次添汤，如果想喝的话再喝一碗也没关系。

图9

8 预钵

到这一步就是现代茶怀石料理中新加入的流程了，一般提供的是用钵装好的煮过后的肉和菜。主人将预钵交给主宾，并招呼说"请慢用"，然后退到侍者的进出口之外。同烤制品一样，客人依次自取食用。

以上一汁三菜的茶怀石料理就告一段落了，接下来便是主人与客人喝酒的时间。

为了去除食用一汁三菜后残留在筷子上的味道，以及清洁口腔，主人要为客人准备一份清汤。主人先在端菜盘中放上主宾的洗筷汤（见图10），然后打开门，一边说"不好意思打扰一下"一边进入，将清汤放在主宾的桌前，再撤下主宾已经吃空的餐具。随后，主人再依次端上除主宾以外的其他客人的清汤，同样撤下吃空的盘子后离开。

10　八寸、酒（三献）

在吃完一汁三菜后，主人和客人会欢快地举杯对饮。这时，作为下酒菜端上来的，是两种装在8寸木器中的料理，这种料理叫作"八寸"。主人在看到客人洗筷后，会左手托着八寸，右手带着酒壶进入。在放置八寸时，盘子中接缝处的一面要朝外，盘子右边要放置素菜，左边放置荤菜，右下角放置一双微湿的筷子（见图11）。八寸中，最重要的就是精选少量的上等食材，以及注重平衡的摆盘。

　　在这道流程中，主人首先会左手托着八寸，右手带着酒壶，坐在主宾的面前，为客人斟酒。在为客人夹上一道肉类料理后，主人会向主宾请求借用一个杯子。这时，主宾会说："如果您自带了杯子的话，请用您的杯子吧。"主人则会回答："我没有带别的杯子。"然后继续向主宾借用杯子。这时主宾会用纸擦拭杯口，放在桌上递给主人。在主人向主宾借到杯子以后，第二位客人会为主人斟酒，饮下后，第二位客人会向主人索要酒杯。这时，主人会对主宾说"这个杯子稍后再还给您"，并用纸擦拭杯口，递给第二位客人，斟上酒，然后再为第二位客人夹上料理。第二位客人喝完酒后，第三位客人会为主人斟上酒，主人继续饮下，依次重复上述步骤直至最后一位客人。在整个流程中，主人要为每一位客人夹菜。轮完一圈后再回到主宾，主人将酒杯递还给主宾后为其倒上酒。

11　热水桶

最后，热水桶（见图12）要与腌菜一同呈上。主人首先将料理放在主宾的面前，然后将所有客人喝空的杯子和洗筷用餐具放在端菜盘上带走。在主人端来热水桶和腌菜后，客人说"我们自己来就可以了"，然后再自行拿取。每位客人用汤桶在自己的碗中倒入汤后，再传递给之后的客人，腌菜也是如此，在夹到自己的碗中后，要依次传递给下一位客人。所有客人在吃完后，会一起放下筷子。主人在听到落筷的声音后，会打开门将餐具撤下，用餐到此全部结束。

六本木 松川

东京港区赤坂 1-11-6

01

营业时间：12:00~15:00、18:00~22:00，午餐只有星期四到星期六提供
（预约制）

电话：03-6277-7371

人均消费：30 000 日元起

官网：http://www.t-matsukawa.com/index.html

说到日本目前最具人气的怀石料理店，那非"松川"莫属了。开业 6 年以来，这里的热度始终不减，在美食网站 Tabelog（日本的一个美食搜索和评价平台）上以接近满分的高分常年位列西麻木日本料理的第一名，完全介绍制和完全预约制的高门槛更是吊足了食客们的胃口。"松川"的主厨松川忠也先生曾在大名鼎鼎的怀石料理店招福楼学习料理技能，后又陆续在乃木坂"志门""青草窠"工作过，直到 2011 年才在赤坂开了这家怀石料理店。他本人平静沉稳的性格也非常契合怀石料理的精髓，在他的指导下，松川的每道料理从摆盘到味道都禅味十足。

好的厨师善于做减法。松川的料理从不做过多的搭配，通常只采用一两种食材制作而成，口感却极有层次。这不仅需要以非常高质量的食材为基础，对于掌勺人的厨艺功底也是个巨大的考验。除此之外，松川的菜品摆盘也十分干净整洁，如同一件件精美的艺术品。不论是汤汁还是调味都无可挑剔，从细节之处就可以看出料理人的顶级技术功力以及独到的审美与眼界。

京味

东京港区新桥 3-3-5

02

营业时间：12:00~14:00、18:00~22:00
休息日：周日、节假日
（预约制）

电话：03-3591-3344

人均消费：30 000 日元起

"京味"在很多日本人眼中和第一位的"松川"一样出色，它们代表了日本怀石料理的顶峰。2009 年的时候，京味还曾上过 NHK（日本放送协会）电视台的节目。作为日本文人墨客、艺术家、政治家常光顾的名店，京味的料理技术和食材选用自不必说，同时作为东京料理殿堂级的老店，店内培养出的厨师也已成为日料界中的佼佼者。京味的料理多使用当季的食材，属于味道比较浓郁的料理。烧制松茸绝妙的火候让菜品散发自然的鲜味；看似简单的鲑鱼饭不仅香气十分诱人，鲑鱼和米饭的口感也非常搭；海胆、鲷鱼、生鱼片组合出绝妙的口感，都是让人难以忘怀的人气菜品。从前菜到最后的甜点虽然看上去非常普通，但是食客很难在其他店吃到这样的味道。京味的店主是西健一郎大厨，出生于料理世家，西健大厨于 2019 年 7 月去世，他在世时即便腿不方便，仍不忘初心，每天坚持爬着楼梯去问候二楼包厢中的客人，离店的时候也坚持送客人出门，这些小细节不仅体现了大厨的人格魅力，也将怀石料理的精神完美地传承下来。

新桥 星野

东京港区西新桥 1-18-8

03

营业时间：18:00~23:00
（预约制）

电话：03-3504-8118

人均消费：30 000 日元起

"新桥 星野"的大厨是日本料理界翘楚、京味的西健一郎大厨的爱徒，星野大厨在京味学习了十几年之后独立开了这家日本顶级怀石料理餐厅，短短一年时间便得到了米其林的星级评价，名声扶摇直上。即使舌锋不敏锐，星野的料理吃起来也一定能让食客感受到店主在味道上的专注。

说起这家店的料理，最显著的一个特征就是"现代风的京味"。相对于正统京料理代表的京味而言，星野在继承西健一郎料理技术的基础之上做了很多现代化的尝试，运用生、烤、蒸、炸等各种方式呈现出丰富多彩的菜品种类，将食材本身的味道最大限度地呈现在食客面前。

怀石名店帖

东京港区六本木 7-17-24 eisu 大楼 1F

六本木 龙吟

营业时间：18:00~ 次日 1:00
休息日：周日、节假日

电话：03-3423-8006

04

人均消费：30 000 日元起

官网：http://www.nihonryori-ryugin.com

龙吟餐厅位于日本东京的六本木地区，是由主厨山本征治一手打造而成的米其林三星餐厅。餐厅于 2003 年开始营业，主厨山本在修行时期受一本禅书中"龙吟云起"一词启发，择其作为店名。龙吟餐厅的镇店主厨山本征治出师于日式"怀石料理之神"小山裕久门下。在传统怀石料理的基础上，山本主厨将分子料理率先引入日本怀石料理界，利用科学的方法重构食材的口感、味道、外观，天马行空的创意加上高超的技法使他收获了"右脑主厨"的名号。龙吟餐厅的菜品可以说是日本创意怀石料理的巅峰之作，不像一般香鱼都是"躺着"上桌，这里的香鱼竟然可以"站"在盘上，仿佛跃然河面，一道菜可以是一场极为生动的美食演出。除此之外，龙吟餐厅还有一道名为"草莓糖"的代表餐点，在食客细细地欣赏精美的外观之后，直接敲碎其逼真的糖果外壳，里面呈现的是零下 196 摄氏度的草莓牛奶粉末，接着淋上 96 摄氏度的热草莓酱，为客人展现出一场丰富的日本料理视觉盛宴。

东京新宿区神乐坂 5-37 高村大厦 1 F

神乐坂石川

营业时间：17:30~24:00
休息日：周日、节假日

电话：03-5225-0173

05

人均消费：20 000 日元起

日本岁月，食材精华。那醇厚的时间酝酿，那温和的柔软往事，所有这些，都融为一体，描绘出一场美妙的味觉体验。这就是神乐坂石川的独家记忆。神乐坂石川可以说是许多人心目中的最佳怀石，它是一家隐藏在街巷中，门面并不起眼，却连续 8 年被冠以米其林三星的神奇餐厅，在全日本 15 万家登榜餐厅中，它排名前 15。店主兼主厨石川秀树善于运用当季食材，采用保留原味的烹饪方式，让人品尝到食物原始的味道。这里提供正统派的怀石料理，日本人评论说其美味的纯粹让人感动。神乐坂石川的蟹料理十分有名，尤其是松叶蟹，堪称绝品。季节感与食材的新鲜，以及时间和记忆酝酿出的温厚在这家店得到了完美的融合。

东京新宿区神乐坂 3-4

虎白

营业时间：17:30~24:00
休息日：周日、节假日

电话：03-6277-7371

06

人均消费：20 000 日元起

虎白是米其林三星怀石料理"神乐坂石川"的姊妹店。相比于师傅石川英树先生，小泉功二主厨采用大胆的创新路线，在坚持怀石料理精髓的同时，勇于挑战及创新，更添加了些许趣味与活力。小泉主厨创作的一道菜品有着传统日本料理的灵魂和优雅，有着日本传统料理店活用食材的优点，同时也不局限于日本料理的做法，时常引入西洋风格的做法，令人耳目一新。虎白的菜单每个月还会更换一次，食客在这里可以品尝到最新鲜的时令菜品。

多谢款待！饱含心意的和果子

ご馳走さま！心のこもる和菓子

©白雪薇／文＆摄影

和果子与花道、怀石料理类似，本身是为茶道服务而诞生的。在茶会中，和果子作为茶与怀石料理之后登场的甜点而存在，并逐渐发展起来。镰仓时代，饮茶的习惯在僧侣之中固定下来。他们利用中华料理中的点心，将以肉、菜为主的馅料，改成更符合日本人口味的红豆馅。在很长的时间里，和果子与怀石料理一起，被称作「茶间菜肴」，并作为饭后最重要的甜点，结束这一餐。在茶会上端出的和果子，反映了主人的趣味和心境。

进入安土桃山时代，砂糖在日本被广泛用于甜点制作。在非常重视五味（酸、甜、涩、苦、辛）和五感（视觉、触觉、味觉、嗅觉、听觉）的茶道中，和果子中也相应融入了这些因素，并逐渐发展成两个流派——以京都为发源地，重视五味与五感的为「京果子」，以江户为发源地，朴实无华的为「上果子」。

一提起和果子，日本人对其印象多集中在春夏之季——春赏樱品樱饼、夏尝水羊羹。对四季的敏锐观察，以及对四季风物的咏叹，深刻融入日本人的美学意识中。在被称为日本美学之源的《枕草子》中，关于四季及风物的描写随处可见。随着季节变化，相对应的季节风物、色彩也会出现相应的变化。和果子正是融入了这些季节的要素，才具有「一期一会」之感。如春季粉红色的樱饼，会让人联想到枝头的樱花与随风飘落的粉色花瓣。而且只在这个季节才能吃到的樱饼，过了季，就要等到下一个春天才能再次上市。

现在一般的茶寮或和式甜品店，通常是楼下经营和果子、卖茶叶，还有一些店会在店门的透明橱窗中摆放抹茶粉的磨，楼上则设为供客人小憩、聊天的茶室。

最中饼

属于半生果子的最中饼，外面是以糯米粉烤制成的薄薄的一层外皮，中间包上的红豆沙馅，被称为"最中"。图中的最中饼"浮云"，由神乐坂梅花亭创作。从中能看到些许日本"和魂洋才"的精神：酥皮是西式手法，用打发的蛋白烤制而成，中间则是传统的红豆。口感也正如"浮云"这个名字，轻飘且松软。将浮在天上的云捉下来烤成和果子，简直是一种孩童般天马行空的想象力。

浓茶淡茶两相宜

从室町时代开始,茶室就作为一种大隐隐于市的存在被确立。相比于隐居山林,在闹市中隐于茶室一所,和心灵相通的朋友们共聚一堂谈论世事,也能够获得隐士一般的境遇。

对于一杯茶而言,其物质上的价值自然无法和山珍海味比,却能够洗涤心灵。茶道,脱离日常生活,又不会被世间的俗淹没。日本明治时代的美术评论家冈仓天心在《茶之书》一书中讲到,茶道是日本一种审美的宗教,是对美进行崇拜的一种仪式。

举办一次茶会,往往需要花上些时日来准备。主人需要了解的并不仅仅是茶汤之道,对于围绕着茶的空间和事物——茶室、花道、书法、绘画、茶点、器物、庭园等方面,也需要有自己的见解。

行茶事,需要跳出平日生活,感受与日常不同的时间、空间。茶事通常由阴之礼和阳之礼构成,从阴入阳,便是茶道的基本顺序。从口感浓厚、色泽深绿的浓茶,到轻点一杯薄茶;从手捧一杯浓茶转动两圈半,到一边喝薄茶、品点心,一边在茶席之中轻松地谈话。在超脱日常的时间里,若要好好品尝手中这杯茶,和果子是其中不可缺少的存在。

许多人会觉得和果子的甜有些过,但是和果子配茶才是正确的品尝方式。和果子的甜能够中和茶的清苦,从而让人更好地品尝出茶汤之味。不同浓淡的茶需要搭配不同的和果子。浓茶口感醇厚,通常会搭配比较瓷实一些的生果子,而相对清爽的薄茶,则会和水分含量少的金平糖、落雁等干果子搭配。

和果子的种类

根据含水量的不同,和果子一般分为三类:生果子、半生果子和干果子。生果子含水量较高,口感软糯,多使用寒天(琼脂)、半湿的糯米粉团、豆沙粉团制成。不仅有捏成的和果子,还有蒸制而成的馒头(如酒馒头、麸馒头等)。干果子多是用模具压制成的,含水量低,能够保存较长时间。

全 年 和 果 子

练切果子

和果子中的高级品——练切果子,细致而精美。练切果子,每一款都有自己的名字,大多来源于和歌、俳句、历史典故等。白豆沙馅里加入砂糖、水磨糯米粉等,经过熬制、糅合得到练切饼皮,中间包有红豆馅团。根据当季的花鸟风月决定练切果子的颜色、形状,在此基础上再加以精细的雕琢。练切果子的制作极其讲究,非常耗费时间,最后呈现的效果如艺术品一般。

羊羹

东京人最爱水羊羹。水羊羹比一般的羊羹含水量更多,食用起来口感也清爽些。羊羹原本起源于中国,如字面意思所示,是用羊肉来熬制的,因为脂肪含量较多,冷却后能够凝固成冻。后来羊羹随禅宗传到日本,由于僧人不食肉,便将原料变成红豆、砂糖、寒天等,混合蒸制而成。表面光滑、细致、温润的羊羹,随茶道的发展逐渐成为认知度较高的茶点。

馒头

和果子中的馒头,从中国的馒头演化而来。中国的馒头用面粉蒸制而成,而和果子也大多数用蒸来制作,馅料多为红豆、味噌等。除此之外,还有酒馒头、水馒头、栗子馒头、麸馒头、薯蓣馒头等等。酒馒头使用了酒精来和面,在日本南部十分流行;麸馒头在面皮中混有麦麸,口感十分筋道;薯蓣馒头则是夏季限定果子,在表皮上有手工画上去的菖蒲图案。

蕨饼

蕨饼是一款普及度相当高的和果子,价格也亲民。"蕨饼"这个名字,缘于原料蕨根粉,一种从蕨类的根中提取出的淀粉。现在许多和果子店已经不这么讲究了,坚持自己制粉、制饼的和果子店大多在京都。用水、蕨粉、砂糖制作出的蕨饼,透明、水润且弹性十足。最初蕨饼是夏季的果子,但是现在各个季节都能看到。可在切好的蕨饼上撒黄豆粉、抹茶粉或黑糖蜜一起食用。

煎饼

用面粉和成面糊,摊成煎饼,最后抹上味噌、酱油、砂糖、海苔、芝士粉等调料。原料不仅有面粉,使用米粉制成的米果也属于煎饼的一种。日本的煎饼甜、咸两种口味均有,还可在面糊中和入芝麻、豆碎等以丰富口感。煎饼属于干果子的一种,保存时间较长,是一种非常亲民的点心。

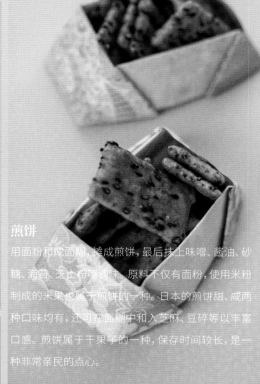

春・道明寺樱饼

樱饼按区域分为关东樱饼和关西樱饼两类。而一般说到樱饼，便不得不提关西的道明寺樱饼。道明寺粉，是将蒸好的糯米碾碎、风干之后制成的，口感比糯米本身碎，但又比糯米粉有颗粒感、有嚼劲。道明寺樱饼的制作方法是将道明寺粉做成圆饼状，中间包入红豆馅捏成团，再用樱叶包起来，食用起来也不沾手。

和果子名店帖

东京·虎屋果寮(银座店)——羊羹

在全日本说到羊羹,那便是虎屋了。放一块羊羹在手上,便能感受到它本身沉甸甸的分量,以及从室町时代起一直到现在的历史重量。制作和果子是团队工作,一块长方形的羊羹里,包含着无数手艺人的匠心。

店铺地址:东京中央区银座 7-8-6

休息日:元旦

东京·赤坂青野(赤坂总店)——赤坂麻糬

一般的和果子是将黑糖撒在麻糬上再品尝。与之不同的是,赤坂青野将核桃的柔滑与黑糖的香气揉入青野特色的赤坂麻糬中,带来一种能让人满足的自然食材本味。

店铺地址:东京港区赤坂 7-11-9

休息日:周日

东京·龟十——铜锣烧

说到东京的铜锣烧前三名,龟十必定名列前茅。龟十是浅草的名店,来逛浅草雷门的人们,通常会选择买两个铜锣烧带回去吃。价格比一般铜锣烧稍贵,却是与价格相符的大个头。

店铺地址:东京台东区雷门 2-18-11

休息日:无休

神奈川·丰岛屋——鸽子曲奇

镰仓名产鸽子形状的黄油曲奇饼干。黄色的包装上有一只白色的鸽子,是丰岛屋的标志性包装。作为伴手礼是非常不错的选择。

店铺地址:镰仓市小町 2-11-19

休息日:周三

大阪·茶房小岛屋——芥子饼

小岛屋是江户时代初期延宝年间所创立的,距今已经有 300 多年的历史了,拥有这么多年历史的芥子饼也成了大阪名物。店内提供抹茶和芥子饼套餐,品尝时能够感觉到一粒一粒芥子在口腔中爆开的香气。

店铺地址:堺市堺区宿院町东 1-1-23

休息日:无休

京都·豆富本铺——豆果子

豆富本铺专营使用大豆、黑大豆及花生等制作的豆果子,其中小町五色豆、节分豆是最具特色的果子。京都名物小町五色豆的五色,以青龙、白虎、朱雀、玄武代表的四色,以及代表京都的紫色,来象征京都街道。

店铺地址:京都市下京区东中筋通七条上文觉町 387

休息日:周日

京都·龟屋良长——鸟羽玉

龟屋良长是一家创新和果子店。八代目的吉村良和,将"和魂洋才"的精神融入这家已有 200 多年历史的老铺。与西式甜点结合,不断尝试推出新的和果子。用寒天包裹红豆馅的京铭果鸟羽玉,是店家的招牌。

店铺地址:京都市下京区四条通油小路西入柏屋町 17-19

休息日:元旦及次日

京都·键善良房——黑蜜葛切

键善良房是京都八坂神社门前,一家拥有大约 300 年历史,已传到第十五代的和果子老铺。点一个煎茶和当季和果子套餐,或者在京都的盛夏来一碗黑蜜葛切,体会京都的大气、沉稳和温润,都是不错的选择。

店铺地址:京都市东山区祇园町北侧 264 番地

休息日:周一

1		1 黑糖葛切
	3	2 金鱼寒天
	4	3 落雁
2		4 黑豆大福

夏·黑糖葛切

从葛根中提取的淀粉用水溶解后加热定型,切成薄薄的饼皮之后再切成条状。细长的外形酷似粉条,透明、纯净,冰镇后从水中捞出来,蘸着香气浓郁的黑糖蜜食用。如今,大部分的葛切中都混有一定程度的土豆淀粉、玉米淀粉等,但最纯净透明的葛切,无疑是用纯粹的葛根淀粉制成的。

夏·金鱼寒天

"透明"往往会给人以清凉感,夏日最能让人感受到清凉的便是金鱼寒天了。用白豆沙、红豆沙等做出"金鱼"和水底的"石头",寒天用来作"池中水",并在金鱼的头部留有一点点气泡,像是金鱼吐出来的,增强游动之感。整个和果子如琥珀一般通透,口感也很轻盈,是一种非常适合夏天的和果子。

秋·落雁

落雁,是俳句中秋季季语,取于近江八景中的"坚田落雁"。落雁起源于中国,在室町时代,随着与明朝的贸易往来传入日本。落雁属于干果子的一种,用蒸好的米粉和水糖或砂糖混合,再进行上色,用木雕模型压制成各种形状,是和果子中比较甜的。

冬·黑豆大福

大福饼皮通透,外形看起来像馒头,大小约占半个手掌心。外皮使用极细的玉米淀粉制成,和内馅几乎是同一重量。在外皮中加入黑豆为黑豆大福,加盐则为盐大福,还有加入艾蒿的草大福。在不同的季节中,还会加入当季水果,如春季的草莓大福等。冬季的黑豆大福则于外皮中包了整粒的黑豆,和中间的红豆馅达到一种绝妙的平衡。

将军御用茶师与上林三入

将军御用茶師と上林三入

◎李远、红楠／采访＆文
◎恒昀、李远／摄影
◎红楠／编辑

百年老铺是京都的魅力之一，据统计，2017 年全日本现存的创业百年以上的老铺企业有 33 069 家，创业千年以上的企业有 7 家。日本人对于老铺有自己的衡量标准：创业百年，传承三代以上才可称为"老铺"。按照这样的标准，京都有老铺 1 091 家。这些老铺中许多都经营着传统行业，千百年不变。

位于世界文化遗产宇治平等院参道上的三星园上林三入茶铺，伴随日本茶道的发展，走过了 500 年的岁月，传承至今已是第十六代。其先祖历经数代，都是德川将军家的御用茶师。历史上，丰臣秀吉、千利休以及其他不少皇室贵族等都是上林家的主顾。从开业至今，他们始终坚持不设分店，不在百货商场设专柜，不往超市供货的经营方针，真的是酒香不怕巷子深。

京都的夏季酷热难耐，我们比约定时间早了一刻钟来到店铺，京町屋风格的店铺已被打扫得窗明几净，准备待客了。看板上的三星家纹与作为店铺招牌的暖帘上的"上林 将军家御用"字样显得格外醒目。店外，一位身着抹茶色作物服，手持扫帚的气质长者，就是《知日》此行的受访人——第十六代上林三入。

跟随上林先生走进店铺二楼的"三休庵·宇治茶资料室"，墙上的照片、展柜中的资料、陈设的茶器具，以及一幅装裱在镜框里的 1876 年世博会的奖状等，都显示出这家老铺非凡的历史感。

1
2
3

1、2 三层茶室
3 上林三入京都总店外观
官网：http://www.ujicha-kanbayashi.co.jp

专访
十六代上林三入

"如何把茶的精神传承下去，如何保障店铺诚信和茶农的利益，是我作为上林家第十六代茶师的责任。"

知日：首先想请您介绍一下上林三入的历史。

上林：三星园上林三入创业于天正年间（16世纪末，相当于中国明朝万历年间）。室町幕府的第三代将军足利义满认识到宇治茶的价值并大力保护茶园。进入战国时代后，一代枭雄织田信长继承了这一保护政策。后来的将军丰臣秀吉更是尽心，委任上林一族为宇治的地方官兼任茶头。据总店保存的 1587 年的古书中记载，丰臣秀吉在大阪城举办茶会时用的抹茶就是上林家的，后来千利休在大德寺使用的抹茶也来自上林家茶园。

（本文采访及拍摄日：2018 年 7 月 20 日）

知日：初代上林三入是什么样的人物？

上林：初代上林三入出生于宇治川下游的槙岛村，此地毗邻伏见地区。在战国时代，这里武家住宅鳞次栉比，热闹非凡。上林三入得以与武士阶层经常走动，并进入了将军大名的视线。而御茶师的历史，是以千利休确立的日本茶道为起点的。那时候为将军奉茶的茶师与武士一样，怀带一把短刀。这也意味着御茶师如若有辱使命，是要切腹谢罪的。宽永十五年（1638），初代上林三入把家督之位传给第二代，自号"三休"。自此，后来的历代家督隐退后都沿用"三休"的名号，这就是"三休庵"的来历。万治三年（1660），初代上林三入以 92 岁高龄去世。

知日：作为店铺标志的三星纹有什么特别的意义吗？

上林：总店被称为三星园，代代使用的商标是三星纹。这个标志的出处是地图上的茶田的标记。就像中国人喜欢"8"这个数字，日本人觉得"3"也是吉利的数字。你看日本的大企业三菱、三井都带个三。三星在日本也代表着"一流"的意思。在今天这个时代，我认为三星纹还代表了"太阳""月亮""地球"三位一体的关系，万事万物都要建立在和谐共处的关系上，比如茶铺与顾客之间的关系。

知日：您能简单介绍一下宇治茶的历史吗？

上林：日本最初的茶种由荣西禅师入宋留学时带回，他把从中国带回的茶种交给了京都栂尾高山寺的明惠上人。起初，明惠上人在栂尾深濑进行试验性的栽培，成功后又在宇治进行大面积栽种。尽管还存在其他的茶产地，但只有宇治的茶被称为"本茶"（意为真正的茶），其他地区的茶则被称为"非茶"。宇治茶受到了幕府的庇护，到了第八代将军足利义政时期，宇治茶已经成为名副其实的"天下第一茶"。其实在今天，宇治茶的产量和日本其他茶区相比并不算多，但品质却是一流的。

1 第十六代上林三入，全国茶审评技术竞技大会 6 段鉴定师。其家族曾作为将军家的御茶师，上林家经营的店铺上林三入至今也有五百年历史，是日本茶界名副其实的超级老铺。第十六代上林三入十几岁便开始打理家族生意，并在原店铺基础上创建了"宇治茶资料室"，致力于向世界推广宇治茶文化
2 火漆封印的徽标
3 抹茶石磨
4 店内的招牌商品之一，名为"源氏物语"的纯正宇治煎茶

1		
2	3	4

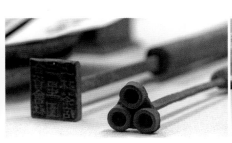

店内传统木制茶箱

知日：从江户时代到现在，饮茶者对茶的要求有何不同？

上林：江户时代的将军、公卿、武家以及后来的富豪商贾饮茶是十分讲究的。不仅仅是对茶本身的品质，对于饮茶的环境、茶具、插花都有要求。而大多数现代人追求的饮茶方式相对简单得多，比如自动贩卖机里销售的各种瓶装茶。但在我看来，瓶装茶只能被称为饮料，经过防腐处理后放在容器中保存一年还能饮用的绝对不是茶。你看我们平时冲泡的茶，如果放到第二天便会变质，你从中能够看到茶的生命以及与自然的联系。茶是精神性的饮品，像三井、丰田这样的大公司，新员工入职时也会有组织地来到总店体验茶道。

知日：随着时代的发展，茶师的处境发生了什么样的变化呢？您如何看待日本备受推崇的"职人精神"？

上林：御茶师不存在了，但精神仍然需要传承。比如我们现在身处的宇治茶资料室设立至今正好20周年，我年轻时就考虑过把宇治茶以及茶师家族的历史传递给客户。但我这个人既没有手机、电脑，也不上网，店里哪怕是清扫这样的工作，我也亲力亲为，这在今天的日本企业经营者中很少见，简直就是"最后的武士"。（笑）职人精神需要在日常生活中去磨炼，简单来说就是"培好土、施好肥、做好茶"。对我来说，如何把茶的精神传承下去，如何保障店铺诚信和茶农的利益，是我作为上林家第十六代茶师的责任。而三星园的网站设计及维护和最近开发的一些符合潮流的新产品都是我儿子运作的，一代人有一代人的职责。

知日：从成立至今，上林三入茶铺是否遭遇过什么重大的经营危机呢？如何应对？

上林：时代的变迁经常会带来经营的危机。你看宇治茶资料室中陈列的那些用来盛茶的黑色茶壶，在江户时代，成品宇治新茶要经专人押运送往江户，沿途官员与大名都要派专人奉迎送茶的队伍，即所谓"御茶壶道中"。第八代将军德川吉宗觉得这事儿实在是铺张浪费，便颁布了"俭约令"，废除了这一活动。这一举动直接影响了茶师的收入。后来伴随着幕府的灭亡，御茶师也结束了其历史使命，茶叶经营陷入了极大的危机中。不过我的祖父建立了"人人都可以来喝茶"的茶铺，让上林家的茶叶走向大众。

店内抹茶研磨展示

知日：日本老铺企业基本都是家族企业，上林家如何培养后继者？

上林：我是上林家第十六代，将来我的儿子会成为第十七代，墙上照片中这个可爱的小男孩是我的孙子，他会是第十八代。我十七岁便来到店里帮忙，我的儿子从高中起便在店里打工，大学毕业后选择了去中国留学学习中文。当然留学可以有许多选择，美国、欧洲都是不错的选择，之所以去中国是因为日本的茶文化源自中国，来宇治的中国游客也逐渐多了起来，如果能用中文来与顾客交流，将会给顾客带来喜悦与安心感。即使是我 8 岁的孙子，也经常来店里，偶尔也会为客人奉上点心，我想在他幼小的心里他也已经明白了我们家族所从事的行当。

知日：上林家的经营理念是什么？

上林：我常说一句话——"不无故胡乱行动"（無茶はならず），也就是说，一切从茶出发考虑问题。曾经我的一位朋友从中国向我订购一吨抹茶，被我拒绝了。因为抹茶的保质期短，对储存环境有严格要求。这么大的量经历长途跋涉，品质也会受损，到了中国如果卖给顾客饮用会影响到上林家的声誉。因此目前即使在日本国内，我们也别无分店，也不往超市商场供货。如果要品尝纯正的三星园抹茶必须来宇治。我认为经营是否成功取决于店铺是否能够稳步地长期发展，这样才经得起岁月的考验。总店仍然坚持用石磨而非机械化地生产抹茶，这样才能掌握好转速与温度，减少抹茶的苦涩感。来店里品茶的客人都可以用石磨去亲自体验这一过程。和其他店铺不同，我们坚持让客人体验 5 万日元（约 3 273 元）每千克的抹茶，这样顾客才能了解到抹茶的品质并从中感受到快乐，这才是"用心之茶"的境界。

京都宇治的茶之味

京都宇治茶の味

◎恒昀一采访&文
◎孙振源一摄影
◎丸久小山园一供图
◎夏溪一编辑

16 世纪后半叶，伴随着日本宇治茶独有的"遮光栽培法"的发明，这种颜色鲜明、深绿色的伴随着茶香本味的抹茶，获得了"日本首屈一指茶品"的美称。而京都的宇治，也因此成为日本抹茶的故乡。

在京都南部这个不大的小镇，有着为数不少的抹茶老铺。其中创立于元禄年间 (1688 － 1704) 的丸久小山园，已有 300 余年历史。在创建初期，初代丸久小山园只在适合茶叶种植的宇治小仓地区专注于种茶制茶，传承至第四代时，丸久小山园正式创立。"丸久小山园"名称中的"丸久"是屋号，"久"取自第一代当家的名字"小山久次郎"，"丸"则代表将"久"字圈起来的圆形（在日本有其他公司名称中也有"小山园"三字，为区分不同的公司和产品，可以依屋号"丸久"进行区分）。而在明治时代传至第八代园主元次郎后，丸久小山园正式行销至日本全国各地，代代经营至成为日本代表性的抹茶品牌之一。自昭和四十二年 (1967) 起，几乎每一年的日本关西与全国茶品评大会中，丸久小山园都会获得日本"农林水产大臣奖"第一名或第二名，其产品也有不少是日本知名寺院与三千家指定的茶道首选品，被人们称为"高质量丸久小山园"。其抹茶品质，可见一斑。

```
        1
 2
---------   5   6
 3
---------
 4
        7
```

1 店内抹茶类售卖区展示
2 玉露"翠滴"瓶装 40 克
3 玉露"紫云"瓶装 40 克
4 煎茶"珠江"瓶装 40 克
5 煎茶"古都绿"袋装 100 克
6 玉露"紫云"、玄米茶"高千穗"、煎茶"珠江"等
7 丸久小山园西洞院店店面
官网：http://www.marukyu-koyamaen.co.jp

专访
小山俊美

"我们对于中国市场是非常重视的,也非常开心看到越来越多的人能够喜欢抹茶,饮用日本茶,应该说这也是中日之间文化相通之处。"

知日:丸久小山园的理念是"品质为本的制茶"。首先,可以请您介绍一下您对这句座右铭的理解吗?丸久小山园又是如何做到对茶的高品质管理的呢?

小山:"品质为本的制茶"意为丸久小山园在坚持茶本身味道的同时,也为客人制作能够安心饮用的茶,并持续改善我们的产品以适应现代社会的生活,使更多的客人能够享用到茶。

从茶的品质管理来讲,茶的外观、味道、香气,是关系到最后茶品质量的重要因素,因此在丸久小山园,我们设有专门的检查部门,由专业的工作人员从这些方面对茶品进行感官上的检查。茶本身是一种饮品,在其饮用安全性方面,我们也会通过各种科学手段进行相关的化学检测,同时更会严格进行农药残留等相关方面的检查。这样,我们既可以通过传统的方式保证茶的品质,也可以通过科学的方法保证茶的安全性,让客人可以真正安心地享用最优的宇治茶。

(本文采访及拍摄日:2018年7月4日、7月5日)

知日:茶作为一种生活方式,是如何体现在日本人的日常生活中的?

小山:说起茶,大家都知道茶是古时由中国传入日本的,在日本延续发展,慢慢形成了日本自己的茶文化。特别是千利休,将日本的茶道推演到了极致,同时他也促进了宇治抹茶的发展。在日本人的生活中,招待客人会用茶,还会有茶道的茶会等,茶已经融入了大家的生活。不过,现在的生活节奏很快,很多时候,年轻人或者说大都市里的人们,并没有时间坐下来好好地泡一次茶,以茶道所追求的那种饮茶方式去细细地品茶,所以就出现了很多适应大家快节奏生活的便捷茶。例如丸久小山园的冷泡抹茶,并不需要去烧制热水,在夏季使用冷水也可以很快地制作出一杯抹茶。时代在变化,生活的节奏变快,也许饮茶的方式也有了一些变化,但是茶总是伴随着人们的生活。

```
1
      2
      ─────
      3
4
      5
      ─────
      6
```

1 小山俊美,出生于京都,毕业于京都同志社大学,丸久小山园株式会社专务董事
2 丸久小山园本社工场接待室内的挂轴"嘉木寿且康","嘉木"取自陆羽的《茶经》:茶者、南方之嘉木也
龙宝山 大德寺管长 高田明浦 笔
3 富山县高冈市的职人所做的铁瓶。在丸久小山园本社工作的人们长年维持火钵火种不灭,使用铁瓶烧水、泡茶,而这只铁瓶布满日经月累、长期爱用的痕迹
4~6 丸久小山园西洞院店的店内景致

```
1 2 3 4 5
6 7 8 9
```

1~5 玉露的冲泡过程

6~9 煎茶的冲泡过程

知日： 现代人的生活方式与古代相比已经发生了很多变化，所以在饮茶的方式上也产生了很多不一样的地方。但是，对于抹茶来讲，点茶的方法和保存的方式是不是还保留着传统的样子？

小山：这里先说一说抹茶的保存吧，茶在采摘之后，经过蒸制与干燥后，制成碾茶。古时，碾茶保存在山中较为阴凉的土窖之下，到了昭和时代初期，丸久小山园将其保存在较干燥且温度较低的地下储藏室。而随着现代科技的发展，现在我们已经可以用常年保持适宜温度的冷藏库进行非常科学的保存管理了，在适宜的温度与湿度下，尽可能地保证碾茶的品质。

碾茶是制作抹茶的关键原料，在开始制作抹茶的时候，我们会将对应数量的碾茶从冷藏库中取出，进行抹茶的生产制造。成品的抹茶粉，保存时同样需要注意尽量保持干燥，避免光照等，最优的保存方法依旧是放在冰箱中进行保存，这样可以最大限度地保留抹茶的香气。可以说，关于抹茶的保存，从古至今秉承的保质的关键点一直都是低温避光，只是随着科技的发展，我们所用的方法更加科学了。

点茶的方法，其实也是由中国而来，到了日本逐渐发展，形成了点茶，传承至今。在丸久小山园的网站上，我们用很简洁的图文方式向大家介绍了一套容易掌握的点茶方法。从抹茶使用的计量到需要什么样的水来进行冲泡、点茶时如何操作，都有详细的介绍，还配上了视频解说，方便购买抹茶的客人能够很轻松地掌握点茶的基本操作方法。同时，位于丸久小山园的槙岛工厂也可以进行参观，在参观的过程中，我们也安排了点茶的体验，会由经验丰富的老师进行指导。点茶的基本操作其实并不是很难，经过几次练习，在家里也是完全可以操作的，而且，长期饮用抹茶对身体也非常有好处。所以，我也很希望大家能够多多了解和掌握点茶的方法，自己轻松地制作出一碗味道不错的抹茶。

知日： 那么玉露与煎茶又该如何品鉴呢？

小山：首先，我想先介绍一下关于玉露与煎茶的区别。玉露的栽培方法与碾茶相同，都是经过遮光法进行栽培。摘下新叶后用蒸汽蒸过，并揉搓后进行干燥。经过遮光的方法栽培的茶叶，带有独特的茶香，是一种熟成的甘甜味。而煎茶使用的是露天茶园所生产的茶叶，即没有使用遮光的方法进行栽培的茶叶。制茶方法与玉露相同，都是经过搓揉后进行干燥。煎茶在日本茶中占据了很大的一部分。在丸久小山园出售的茶中，还有浓口煎茶、温和煎茶等不同的煎茶品种。

其次，对于玉露的品鉴，标准的方法是这样的。第一步是加热茶壶，将开水倒满茶壶，使开水温度降至 70~75 摄氏度。之后便将茶壶中的热水注入玉露专用的小茶杯中，将茶杯温热，此时热水的温度会下降至 60~65 摄氏度。然后，再将茶杯中的热水倒入 "汤冷"（日本茶器，用来冷却茶汤）中。此时，再将适量的茶叶放入茶壶中，静置一段时间，待水温降至 45 摄氏度左右，将汤冷中的水注入茶壶中。静候 1~2 分钟，待茶叶浸透，味道散发后，将茶汤倒入茶杯中享用。

而对于煎茶而言，品鉴的方法相对要简单一些。取适量的茶叶放入茶壶中，将开水倒入煎茶专用的茶杯中，温热茶杯。待水温降至 70~75 摄氏度时，再将茶杯中的热水倒入茶壶中，静待茶叶味道散出，之后便可将茶汤倒入茶杯中享用。

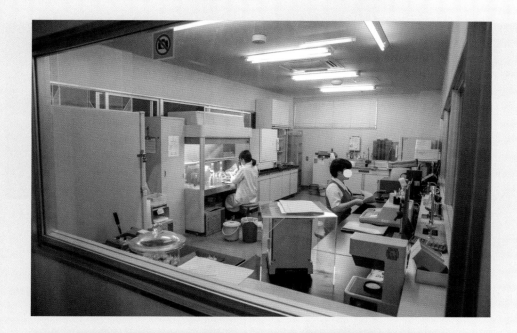

$\dfrac{1}{2}$

1 丸久小山园槙岛工厂内的质量检测
部门（获得特别批准后的拍摄）
2 茶的感官检测准备

1 茶室元庵内的挂轴"清泉",采访日为夏季,此为符合夏季主题的挂轴,龙宝山大德寺管长高田明浦老师笔

2 抹茶"长安"

3 大号茶筅

4 手动石臼,过去使用这样的手动石臼将成品碾茶研磨成粉;现今抹茶工厂使用自动化的石臼进行研磨作业,但仍有些爱好者喜欢使用传统的石臼,亲手研磨抹茶

5 大号茶碗

6 煎茶"翠之院"与和果子的搭配

7 抹茶蛋糕卷(丸久小山园西洞院店限定菜单)

8 点茶体验

1	2	
3	4	5
6	7	8

1 抹茶制程说明：在制作抹茶的过程中，必须从原叶中将叶茎、叶脉、杂质等剔除，只将叶片中柔软的叶肉部分研磨成粉，做成抹茶

此张照片取自丸久小山园的槇岛工厂。从右到左的四个样品依序为：叶茎、叶脉、杂质、成品碾茶（叶肉部分）

2 丸久小山园西洞院店茶室元庵

知日：在丸久小山园目前销售的茶中，最受欢迎的是哪一种呢？

小山：这个问题可能并没有一个特别准确的答案。丸久小山园目前销售的茶，有着不同的品类，根据品质的高低也会有不同的价位，来满足不同需求。大家熟知的丸久小山园的"天授"，是（日本）全国茶品评会的获奖抹茶，在客人中广受好评。而店中出售的抹茶"长安"，因为名字与中国古代的长安同名，在中国客人中就很受欢迎。而我们还会为不同的茶道宗派提供不同的专用抹茶，还有一些季节性推出的限定抹茶等。现在，抹茶口味的各种甜品或食品也都很受欢迎，我们还会有专门的料理用抹茶、食品用抹茶等，而且我们在不断地推陈出新，推出适应现代生活的产品，像低咖啡因抹茶、冷泡茶、抹茶奶茶等。应该说，这些产品满足了不同客人的不同需求，都是广受欢迎的。

知日：刚才您提到丸久小山园会有一些季节性限定的抹茶。其实在日本的料理或者说饮食文化中，对于季节性是非常重视的。所以，在一年四季中，品茶的方法有什么不同吗？与茶相配的和果子又应该怎样选择呢？

小山：日本人对于季节感是非常重视的，这也体现在生活中的很多方面，在饮食文化中尤为明显。像大家熟知的怀石料理，就是根据季节的不同来呈现不同的料理。茶与和果子同样也有着这样的季节感。

我们曾经根据茶与果子的搭配，整理出了"与茶相伴的 12 个月"系列连载。根据季节与月份的不同，介绍不同的茶的品茶方式，配合不同的茶点或和果子。

例如，每年新年伊始，在日本的习俗中，有迎接新年时饮茶祈求身体健康的传统。将梅子与昆布放入茶中，制成大福茶享用。而在春季赏樱花之时，作为人们在野餐后的甜点，一碗抹茶和应景的樱饼则是非常不错的选择。樱饼的甜味，配合抹茶的香气，从味觉上完全可以感受到春天的气息了。而到了夏季，随着天气变得炎热，大家往往会选择清凉的饮品，这个时候一碗冰抹茶应该是最为舒适的。到了冬季，大家则会选择一些口感比较温润的茶。

知日：那么在品茶时，主人与客人之间又是怎样的一种关系呢？

小山：在日本的茶文化中，"招待之心"是很重要的内容。每一次茶会都会有不同的主题，配合着不同的花、不同的画、不同的茶具，主人甚至会穿符合茶会主题的和服等，这些都是"招待之心"的一种体现。

知日：小山先生，刚才您提到了茶会中的种种布置，那么茶室的大小对品茶有什么影响吗？

小山：茶室的面积有大有小，这是根据招待品茶的客人的人数来决定的。通常来讲，有可以容纳 3~4 人或 7~8 人茶会的茶室。而丸久小山园在西洞院店的町屋中设置的茶室元庵，则是一个仅有两叠的茶室。在窄小的空间铺上榻榻米，并精心设计，营造传统茶室氛围，目的是让没有学过茶道的客人也能体验置身于茶室中的感觉。想象在小而温馨的空间中，榻榻米上坐着主客各一人，距离拉近，心灵相通，彼此之间没有任何隔阂。茶室中还融合了茶园栽培茶树的一些场景，配合季节设置不同的画与布置。我们在西洞院店设置这样一间茶室，既希望可以体现出千利休时代传统茶室的精髓，又希望可以使我们的客人感受到丸久小山园用品质之茶呈现的"招待之心"。

玉露　　　　　　　　　煎茶　　　　　　　　　川柳

粉茶　　　　　　　　　锅炒制玉绿茶　　　　　茎焙茶

浓口煎茶　　　　　　　玄米茶（川柳制）　　　玄米茶（冠茶制）

芽茶　　　　　　　　　雁金　　　　　　　　　蒸制玉绿茶

冠茶　　　　　　　　　焙茶　　　　　　　　　抹茶

1	1 磨砂玻璃平茶碗"涡云"（白色），丸久小山园"元庵"原创茶器系列商品之一；"平茶碗"为口径较大
2	的茶碗，适合夏天使用，使热能较快发散，茶不易烫口。"涡云"系列另有水蓝色与浅绿色的茶碗（非耐
3	热玻璃）
4	2 原创茶器三色天目抹茶茶碗"朝雾"
	3 原创茶器辘轳玻璃抹茶茶碗"流云"
	4 原创茶器辘轳玻璃抹茶茶碗"涡云"

知日：据我们所知，元庵还有很多丸久小山园原创设计的茶器，是吗？

小山：是的。对于品茶而言，茶器的选择也是非常重要的。不同的茶器，对应着不同的茶会主题，也对应着季节的变化。现在正是夏季，我们的西洞院店元庵所使用的茶器都是配合着夏季的感觉而设计开发的。像冰抹茶所使用的半透明茶碗，与传统的抹茶茶碗的材质不同，我们使用了玻璃将其设计成这种半透明的样子，可以在夏季为客人带来一种清凉的感觉。同样的道理，在每一个季节，我们都会有不同的主题的茶器来配合我们的抹茶和其他茶品。

好的茶器，是对好茶的一种尊重；茶器的不同，也可以反映出奉茶人对于品茶人的招待之情。我们在元庵使用和销售原创设计的茶器，也恰恰是因为这样的想法，所以将我们对茶的品质的追求，也同样融入茶器的设计之中。

知日：近两年来到京都观光的中国人越来越多，丸久小山园作为日本抹茶的知名制造和销售商，对于中国市场有着怎样的期待呢？

小山：我们对于中国市场是非常重视的，也非常开心看到越来越多的人能够喜欢抹茶，饮用日本茶，应该说这也是中日之间的文化相通之处。目前来说，丸久小山园在京都以及宇治的小仓地区设有直营店与工厂商店，在日本全国的一些超市、茶品店等都有销售，而且在中国香港还设立了一家合作销售店——"京都抹茶庵 丸久小山园日本茶贩卖店"。非常欢迎大家能够到这些店铺中来品尝我们的抹茶和其他茶品、抹茶甜品等。为了能够使中国的客人更好地了解抹茶，品尝各式抹茶的甜品，我们也在提供中文的相关介绍还有菜单等，逐渐完善我们的服务，希望有更多来自中国的客人能够认识丸久小山园，并喜爱我们的抹茶。

日本人气茶铺指南

日本で人気のお茶の専門店の案内

◎红楠／文

伊藤久右卫门

诞生于江户时代后期的茶铺伊藤久右卫门，由初代伊藤常右卫门在 1832 年创立。伊藤久右卫门提供的茶有着上乘的品质。在流行机械采摘的当下，伊藤久右卫门与宇治白川地区和田原町地区这些盛产好茶的茶园合作，由经验丰富的职人亲手采摘每年的新茶，采摘后当日进行加工、蒸青，便得到煎茶、玉露和抹茶的原料。伊藤久右卫门也为宇治的黄檗山万福寺、平等院等众多名寺提供茶品。近年，伊藤久右卫门跟随潮流开设了茶房，贩卖各种茶叶和抹茶制作的和式、洋式点心，抹茶类梅酒、米酒、葡萄酒，以及抹茶荞麦面等食品。2014 年还创新地生产了"抹茶咖喱"，成为街巷间的热门话题。

在他们的宇治茶房里，能尝到用抹茶开发的一系列食物。比如招牌之一的抹茶芭菲，随着季节不断变换口味：春有樱、夏有紫阳、秋有红叶、冬有草莓。饿着肚子的话，可以来上一碗或冷或热的抹茶荞麦面。另外，还有简单的抹茶体验，可以自己亲手做一杯新鲜的抹茶来喝。手法不熟练也没关系，旁边的工作人员会来指点。而且，与其他品牌纷纷到各地开茶屋不同，想要尝伊藤久右卫门的抹茶甜点和料理，只能跑到宇治才行。

总店茶房地址：京都府宇治市菟道荒槙 19 -3

宇治站前茶房地址：京都府宇治市宇治宇文字 16 -1

1854 年，初代中村藤吉在宇治开始了茶商的生涯，最初店名为"丸武藤吉"，这也是他们的屋号标志至今仍是个圆形十字的原因。中村藤吉的茶追求每种茶都有每种茶的"茶样儿"。煎茶，就有煎茶的样子；在露天的茶园里种植的茶有清澈的清凉感。玉露，就有玉露的样子，遮蔽阳光，强调其浓郁的鲜甜。他们还有自家的"中村茶"，是将煎茶、玉露等 7 种茶按秘密比例混合而成，不讲究冲泡的水温，从冷水到高温热水，冲泡出的茶各有风味。

中村藤吉的总店从 JR 奈良线的"宇治"车站下车后，步行一分钟便到。贩卖各类茶叶的同时，也提供茶点和轻食的茶房，甜点盘中有中村家屋号的圆十字图案，很是可爱。若说特色，便是他们还提供将碾茶用石臼碾磨至抹茶的磨茶体验。可以在稀有的元禄时代的茶室"瑞松庵"中，同时饮用茶室提供的浓茶，以及由自己碾磨后得到的抹茶而冲泡的薄茶。每天人数有限，可以在网站上查看他们的休息日、相关信息以及预约信息。另外，去总店拜访的话，可以在中庭看到一棵有 250 多年树龄的黑松，这是二代目藤吉为了祈愿"家业安全"而栽种的。

除了宇治和京都，中村藤吉也在东京的"GINZA SIX"购物中心开了茶房，关东爱茶人士可以在东京享口福了。

总店茶房地址：京都府宇治市宇治一番十番地

平等院茶房地址：京都府宇治市宇治莲华 5 -1

京都车站茶房地址：京都伊势丹 JR 西口改札前 ITOPARADAISU 3 层

东京银座茶房地址：东京中央区银座 6-10-1 GINZA SIX 4 层

中村藤吉

福寿园是 1790 年在京都木津川地区创立的老店，初代为福井伊右卫门。

虽然历史悠久，还带着出身"旧时王朝古都"京都的骄傲，但在创新和现代化中却一直走在前面。京都的总店，是位于市中心下京区的一栋 6 层建筑。不仅可以买到福寿园的茶叶，也可以在茶房中尝到围绕着宇治茶制作的各式甜点，还可以在茶室中体验抹茶、购买茶具，并在餐厅中品尝使用宇治茶创作的法式创新料理。

除了在总社所在的京都，福寿园在宇治地区也高调得很。"茶工坊"中，可以体验手揉宇治茶、用石臼碾磨抹茶，甚至是"朝日烧"的制作和绘制。旁边是可以体验茶道的茶室，以及提供甜点、定食的茶寮。除此之外，还可以尝到茶荞麦面、茶粥、茶泡饭这类轻食。

与茶工坊隔着一条宇治川相望的，是福寿园的"宇治吃茶馆"，这里提供抹茶甜筒、宇治茶饭团、便当（需预约）、纸杯装茶饮，比较独特的是调味系列的宇治煎茶有樱花、柠檬、柚子、香草、玫瑰等各种口味。在这里，同样可以享受自己冲泡抹茶的体验。不远处，是他们开在平等院表参道上的"宇治茶果子工坊"，以各式点心和伴手礼为主。如今在木津川地区还有他们的工厂和游学体验公园。

在东京站（八重洲南口），还有他们的茶怀石店，提供精致的午餐和晚餐。在以宇治茶为主角贯穿始终的料理中，沿袭着总店关于京都与法式料理碰撞的创新理念，加入了茶面包、茶法棍等。一边吃添加了宇治茶的肉类料理，一边喝着宇治茶，这种和洋的碰撞，便是福寿园的最大特色吧。

京都总店地址：京都市下京区四条通富小路角

宇治茶工坊地址：京都府宇治市宇治山田 10 番地

宇治吃茶馆地址：宇治市宇治塔川 1-1

宇治茶果子工坊地址：京都府宇治市宇治莲华 35

东京店地址：东京都千代田区丸之内 1-9-1 东京站 Grand Roof 3 层

京林屋的诞生要追溯至初代林屋新兵卫于 1753 年在加贺金泽地区开设的贩茶店。店铺代代相传，到了明治十一年（1878），三代目在宇治开了自家茶园，之后便一直专注于宇治茶的制作和售卖。也是在三代目的努力下，用煎茶的茶茎为原料，率先开发出了"棒茶"这个品种。然后，四代目开发了即饮茶、罐装茶、茶饼，五代目则开了没有可乐、咖啡而纯粹提供茶饮的饮茶店，甚至发明了抹茶牛奶、抹茶芭菲等一系列符合时代特色的饮食内容。没错，虽然现在各个茶店都能吃到花样众多的抹茶芭菲，以及各色抹茶甜点，但最先创作出这道甜品的却是五代目时期的京林屋。时值昭和四十四年（1969），那个年代虽有芭菲，但将只在茶席上作为饮品出现的抹茶作为制作甜品的原材料使用，尚没有先例。于是，五代目社长就这么突发奇想，开创了抹茶甜点的先河，并将"茶不只是用来喝的，拿来食用更能摄取茶叶本身的丰富营养"这一想法代代传承，在茶品和甜点方面的开发始终不遗余力。

京林屋的茶屋开得不少，除了 2018 年从银座迁到了日比谷东京中城的"林屋新兵卫"，还有新宿高岛屋店、池袋西武店、目黑店、横滨店，以及京都店、福冈店等。各店铺有不同的限定芭菲，还提供面类、肉类等轻食。

东京日比谷店地址：东京千代田区有乐町 1-1-2 日比谷东京中城 2 层

东京西武池袋店地址：东京丰岛区南池袋 1-28-1 西武池袋店 8F

京都店地址：京都府京都市中京区三条通河原町东入中岛町 105 Takase 大楼 6 层

博多店地址：福冈县福冈市博多区博多站中央街 1-1 JR 博多城 Amu Plaza 博多 9 层

东京新茶风暴

東京の新しいお茶の楽しみ方

◎葛蓓蓓、梁小萌│文
◎HIGASHIYA GINZA、茶之间│供图
◎摘梨│插画

假如饮料像人一般具有个性，可乐或许会是一个青春洋溢的热血少年，咖啡或许会是一个简约干练的职场精英，那么历史悠久的茶呢？应该会是一个沉稳古朴的迟暮老者？拜访过东京的茶屋后，你的印象恐怕就要被彻底颠覆了。

如今的东京，咖啡馆满街林立，早已成为国民文化不可或缺的一部分。尽管如此，茶爱好者们仍在做出反击。近年来，一种"oshare"（时髦的、流行的）的茶文化开始在东京涌现，原本传统的日式茶文化结合现代感的创新元素，东京各地出现了一间间充满和风又洋溢着摩登气息的茶屋，它们成为东京时下流行的休闲餐饮空间，也让茶香飘入了东京人的生活中。下面，就让我们一同去探索一下吧。

茶与酒

东京都港区南青山 5-6-23 螺旋大厦 5 层

樱井焙茶研究所

营业时间：
11:00~20:00

01

官网：http://www.higashiya.com/ginza/

这家名为樱井焙茶研究所的店铺于 2014 年年底设立，店内融合了传统日式风格与现代的摩登感，在这家茶屋中，客人能同时看到烘焙茶叶和调制鸡尾酒两种截然不同的场景。其创始人樱井真也先生曾在八云茶寮和 HIGASHIYA 担任经理，专注研究日本茶以及茶与料理、酒之间的创新结合。樱井焙茶研究所试图探索日本茶在当代全新的表现形式，为客人打造了以茶入酒的多种选择，如煎茶琴酒、焙茶朗姆酒等。其中泡茶的烈酒是根据茶叶的特性选择的，烘焙茶配朗姆酒，煎茶配威士忌，"Sencha Gin & Sonic"是在金酒和苏打水中加入蒸绿茶，纤细的茶香伴随浓烈的酒香融入口中，沁人心扉。除此之外，店内的生抹茶啤酒也是招牌之一。"茶酒"，应该是日本茶领域的前沿了。在这里，日式与西式、传统与现代都被调和到了最佳状态，成为许多年轻人心中的第一。

茶与咖啡

东京世田谷区上马 1-34-15

东京茶寮

营业时间：
周五 / 周六 / 周日 /
节假日 / 11:00~20:00
休息日：周一至周四

02

官网：http://www.tokyosaryo.jp

在日本，想要优雅地喝茶，并不需要花费太多精力去寻找。不过以时髦的"手冲咖啡"的方式喝茶，相信大多数人还是第一次听说吧。东京茶寮是世界上第一家手冲茶专门店，两位创始人谷本和青柳都是设计师出身，从店里的室内设计到泡茶需要用到的各种道具都是由两人一起完成的。他们觉得传统的煎茶都是用茶壶冲泡，既看不到茶叶舒展的过程也闻不到香气，而如今更受年轻人喜爱的咖啡则可以在冲泡过程中感受豆子慢慢膨胀的声音和烘焙的香气。于是两人想到了借鉴手冲咖啡的方式来冲泡煎茶，他们利用日本茶冲泡和咖啡萃取在原理上的异曲同工，发明了以手冲咖啡壶为原型的日本茶冲泡器，这种新的冲泡方式不仅提升了茶的风味，还将全新的西方审美理念引入日本茶的冲泡过程，受到日本年轻人的喜爱。

此外，东京茶寮不只以手冲咖啡的方式来烹煮日本茶，更是极尽能事地将日本茶叶分类，两位主理人秉持着"像对待咖啡豆一样，对待每一片茶叶"的原则，除了产地、品种、烘焙方式之外，还将茶品的甜味、苦味、旨味分级星评，除却瓶装饮料包装与营销文字，东京茶寮试图以更清晰、精确的手法，带领我们深入认识日本煎茶更为丰富的面貌，感受一方水土一方茶那耐人寻味的含义。在这里，你能真切切地感受到日本茶文化所代表的生活方式与价值观，相信这大概也是那些喝惯了咖啡的东京新生代又跑来喝茶的原因之一吧。

茶与水果

东京港区南青山 5-1-25

立顿水果茶快闪店

营业时间：
10:00~20:00

03

官网：http://www.lipton.jp

炎炎夏日，东京少女们心中最时髦的饮品到底是什么呢？

答案无疑就是立顿水果茶！立顿公司自 2016 年开始举办的"Fruits in Tea"（在茶里添加水果）主题活动，2018 年的夏天也和大家在东京表参道相见了。相信熟悉东京的朋友们对立顿水果茶快闪店的火爆程度都有所耳闻，2017 年在那里曾创下为了买一杯水果茶而排队 4.5 小时的惊人纪录。"Fruits in Tea"是以红茶为基底，加入富含维生素的水果，以及各种配料混合制作的超级健康饮品。客人可以依照自己当天的心情与身体状况，选择不同的水果、配料与红茶，制成自己独一无二的饮品。2018 年，"Fruits in Tea"快闪店以"To Go"（去户外）作为主题，鼓励大家将立顿的水果茶带去户外，在享受户外活动乐趣的同时也能品味冰凉的美味茶饮。除了店铺限定的红色、黄色、绿色三款特调茶饮，立顿还在日本首次推出了绿茶版本！大家可以自由选择随身瓶、茶叶、水果、糖浆，还有薄荷及彩色珍珠等配料，每天都可以不重样，可以说是水果茶爱好者的天堂！

茶与甜品

东京新宿区神乐坂 5-9

神乐坂茶寮

营业时间：
周一至周五：11:30~23:00；
周六：11:00~23:00
周日及节日：11:30~22:00

05

官网：http://saryo.jp

提起"奶酪火锅"，大家一定不会感到陌生，但是"抹茶奶酪火锅"大家听说过吗？位于东京神乐坂的神乐坂茶寮，其主打产品就是"抹茶奶酪火锅"。食客可以将丸子、草莓等加入抹茶火锅中。店家还会附赠冰激凌，剩余的抹茶酱可以和冰激凌一同享用，在这里，你会感到前所未有的满足感。除了"抹茶奶酪火锅"，这家店有另外一种很少见的甜品，那就是 2017 年开始风靡纽约的烤棉花糖冰激凌，想象一下，烤得香香软软的棉花糖里塞满了浓郁抹茶口味冰激凌，会是什么味道呢？相信它一定会给你的味蕾带来全新的享受。

茶与牛奶

东京涩谷区千驮谷 1-21-2

Monmouth Tea

营业时间：
07:00~24:00

04

官网：http://www.monmouth.jp

大概是从 2017 年开始，东京的奶茶店开始如雨后春笋般接连闪现，国内知名的贡茶、CoCo 都可、鹿角巷等奶茶店也纷纷落地东京。走在新宿涩谷街头，随处可见喝着珍珠奶茶逛街的少男少女，还有奶茶店门口排起的长长队伍，一瞬间让人有了回到国内的亲切感。

　　除了以上拥有多家分店的连锁奶茶店以外，在东京街头还有着一些看似小众却很受年轻人追捧的小奶茶屋，Monmouth Tea 就是其中之一。Monmouth Tea 自称是红茶专门店，但店里只卖奶茶不卖红茶，而且只有一种口味，在选择多样化、商品客制化为上的当下可谓特立独行，因此老板柏井先生又被称为"任性大叔"。在 Monmouth Tea，你只买得到 Monmouth Tea 口味的奶茶，它以阿萨姆、乌瓦等 4 种茶调制而成，并以 3 倍的茶叶熬煮，煮出浓郁的红茶，再加上特定比例的糖，之后放置冰镇，等到顾客点单后再加入鲜奶调和成奶茶，茶香浓厚，口感顺滑，甜度也恰到好处。这个味道，就是在 30 年前陪伴柏井先生度过青春岁月的味道，也是柏井先生认为最好喝的奶茶配方，因此不能调糖度，也没有纯红茶选项，要喝只有奶茶可以选。看似无理的坚持，其实只是为了把自己认为最好的东西毫无保留地分享给大家。

上面介绍的几间茶铺，可以说是对传统饮茶习惯的一种延伸，它们对茶的呈现方式有了更多的表达，比如茶与酒、小食、水果和牛奶等的搭配，让我们看到了未来日本茶更多的可能性。除此之外，还有一些东京的代表性茶铺想要介绍给大家。

东京涩谷区神宫前 5-13-14

茶茶之间

营业时间：
11:00~19:00

06

官网：http://chachanoma.com

茶茶之间是表参道上的人气茶店，开设于 2005 年，主营绿茶和温馨的抹茶甜点，藏在一栋很不起眼的住宅楼底层。这里出售的每一种茶叶都由店主亲自到田间挑选，原则是只挑单一茶园的单一品种，以保证品质和独特性。茶茶之间出售的 50 多种茶叶，每一种都有一个诗意而形象的名字，如星夜、平安樱花、大正浪漫等，同时每种茶叶还会附上对产地、口感等的详细说明。这里的每一种茶都极具个性，每一杯茶，都要经过 5 道冲泡工序，是平常在家里品尝不到的堪称"奢侈品"级别的味道。店内只做最传统的日本茶，没有其他花哨饮品，店员都是十分资深的日本茶专家，想寻找一款适合自己的茶饮，大可向其咨询，说不定还会有意外收获。除了茶，这里的自制甜点也是一大招牌，比如抹茶芭菲、夏季限定的抹茶刨冰、冬季限定的抹茶草莓提拉米苏等，纯粹简单却又口感浓郁，搭配不同的茶饮，都可谓是绝妙的享受。

茶茶之间店铺内景

萩饼

抹茶生巧

抹茶芭菲

玄米饼红豆汤

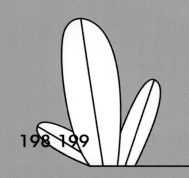

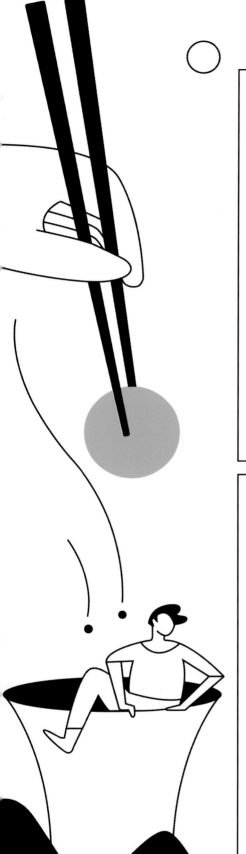

东京中央区日本桥室町 1-11-2

ZEN 茶'fe

营业时间：
周一至周五 10:00~22:00
周末及节假日 11:00~19:00

07

官网：http://zenchafe.co.jp

这家开在日本桥的茶屋有着和洋结合的风韵。茶单中有传统又标准的抹茶、抹茶拿铁、焙茶等可选，也会推出一些"奇怪"的新口味，比如将抹茶调淡的"美式抹茶"，或者在橙汁上叠加浓厚抹茶的"橙子抹茶"，以及有着咖啡口味的玄米茶。

东京中央区日本桥人形町 2-4-9

森乃园

营业时间（二楼茶座）：
平日 12：00~18:00
周末及节假日 11:30~18:00

08

官网：http://morinoen.jp

如果喜欢带着烘烤馨香的焙茶，一定要留意这家百年老店"森乃园"。店内的炉子每天都在将精选的茶叶烘烤成味道温润的焙茶。除了可以在一楼买到各种茶和茶类点心，在二楼茶座还可以尝到焙茶芭菲、焙茶拿铁、焙茶啤酒等。当然，也有抹茶啤酒、抹茶类和传统日式甜点，但说来说去，这家店还是主打焙茶的招牌。

东京目黑区自由之丘 1-25-17

LUPICIA

营业时间：
9:00~20:30

09

官网：http://www.lupicia.com

虽然在各种百货店、商店常能见到 LUPICIA 家的茶，但在他们的自由之丘总店中，除了可以买到口味更为齐全的 200 多种茶，还可以在二楼的沙龙坐下来，静静品上一杯。其中，既有精选的稀少又高品质的日本茶，也有鸡尾酒可供选择，搭配上相得益彰的茶器、茶点，是"成人感"的休憩时光的最好诠释了吧。而这种沙龙，全日本也只有两家而已，对热爱 LUPICIA 精选茶的人来说，大概是必访之地了。

东京中央区日本桥 2-10-2

山本山

营业时间：
10:00~18:00

10

官网：https://www.yamamotoyama.co.jp

山本山创业于江户时代，是以贩卖茶叶和海苔为主的老铺。到访这样的具有传统江户风情的店，自然要去位于日本桥的总店。除了"煎茶与和果子套餐""玉露套餐"以外，还有抹茶、焙茶、昆布茶等。单品茶叶有香气醇厚的宇治茶、清新的静冈煎茶和浓郁的鹿儿岛知览茶等可供选择。搭配的和果子则选用了日本桥老铺"长门"家的特供品。

HIGASHIYA GINZA 是以现代的"日本茶艺沙龙"为概念的茶馆，有专门的和果子贩卖区域，也有专门的茶馆，约有 40 个座位。店内设计采用东洋风，桌椅均为木质，色调非常古典。在印象中，茶与茶道都给人以古朴的感觉。但是 HIGASHIYA 却为我们提供了一种崭新的概念，原来饮茶也可以成为一件时髦事。

HIGASHIYA GINZA 供应了 40 多种茶品，店铺从日本全国各地收集了各式各样的茶，玉露、抹茶等茶品均能在这里喝到，并且所有的茶器和饮食器具都来自原创品牌，经过店主的精心挑选，才呈现在茶客的餐桌之上。此外，搭配茶品的点心也会配

合季节更迭替换，十分用心。让人最为感兴趣的是，HIGASHIYA 经常会举行限定的茶会，提供不同产地、不同风味的茶品供客人们品尝，通过茶会也可以学习到很多与茶相关的知识。

来到这里，绝对不可错过的是仅在下午 1：00~6：00 提供的下午茶"茶间食"。其中包含两种茶品，还有稻荷豆皮寿司、羊羹，以及当季的和果子等小食。在"茶间食"的套餐中，你既能品尝到当季新茶又能享受到和食的美味。茶馆入口的商店，除了当季的生果子以外，还贩卖各种茶类点心、精选茶叶和原创茶器，是伴手礼的不二选择。

东京中央区银座 1-7-7 POLA 银座大楼 2 层

HIGASHIYA GINZA

营业时间：
11:00~19:00

11

官网：http://www.higashiya.com/ginza/

HIGASHIYA GINZA 店铺内景

1
—
2 3

1 可供客人品茶的茶房

2 酒与水果

3 茶与水果

$$\frac{1}{2}$$

1 一杯茶
2 和果子

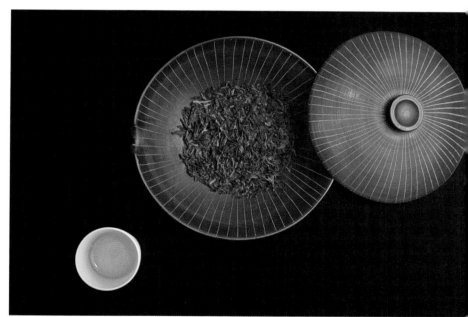

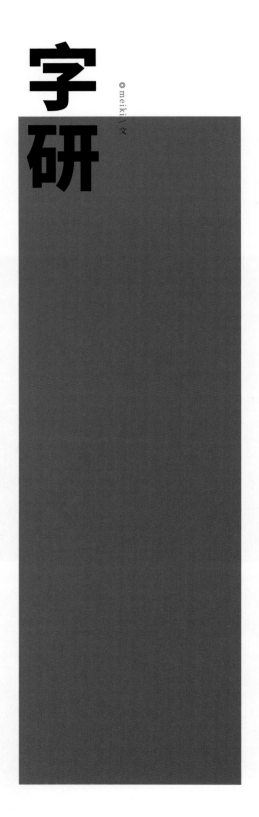

字研

©meiki | 文

八十八夜

从立春开始后的第八十八天，就是八十八夜，是日本在二十四节气外增加的独特节气中的一个。日本的这一节气，其实和中国的节气"立夏"在意义上十分相近。八十八夜代表着春夏的交替，这天过后就要开始进行夏日的准备。对于进行农作的人来说，这一天十分重要。在日本茶文化之中，八十八夜则代表着采茶的最好时机。茶树在冬天储存养分，等到了春天便会发出嫩芽，这些嫩芽正是最美味的新茶。虽然新茶采摘会根据茶叶的不同品种和产地而有所差别，但一般会集中在 4 月下旬到 5 月上旬，这也正逢八十八夜的日子。关于八十八夜中的"夜"字的来源，其实是因为日本的旧历。在明治五年（1872）以前，日本也使用中国阴历。阴历是以月亮的圆缺周期为参照推算而出的年历，在阴历中，立春过后的第八十八天整应该是在一个夜晚，所以自然而然在名称中多了一个"夜"字。

榻榻米边缘（畳の縁）

"畳の縁"指榻榻米的边缘之处。日本传统和式房间内多使用榻榻米来代替地板。直到现在，日本人仍习惯将房屋的实际面积换算成榻榻米的畳数去理解。如果这间屋子的面积刚好可以放下 6 畳榻榻米，就会被说成"六畳大的房间"。传统茶室中一般使用榻榻米。在日本传统茶道茶会中，有一条规矩是茶室中的榻榻米边缘不可以踩踏。关于这其中的缘由其实有两个说法：其一，从古至今榻榻米的边缘处都绘有茶室主人的"家纹"，家纹象征着茶室主人和他的整个家族，如果贸然踩到，当然是对茶室主人的不敬；其二，在过去的武士文化中，茶会也是武士们十分喜欢的一种聚会方式，想要刺杀武士的忍者往往会藏在茶室的榻榻米之下，透过榻榻米边缘的缝隙观察，判断茶室内武士的移动和座席位置。为了安全起见，武士们往往不去踩踏榻榻米的边缘缝隙，以防忍者的突然袭击。这种做法也被流传下来，成为如今茶道礼节中的一环。

从大地中孕育而出的当代陶艺

土から生まれる現代の陶芸

◎ meiki ／ 采访 & 文
◎ 宫滨佑美子、Ryo Suzuki ／ 摄影
◎ 二阶堂明弘 ／ 供图

来自北海道札幌市的二阶堂明弘是日本近年来备受瞩目的当代陶艺家，其作品一直给人一种『原始感』，不上漆釉，在原胚上加以细致的纹理雕刻，为人们呈现大自然的颜色。他的茶道具作品，看似造型简单，整体却又透露出一股厚重的力量。

二阶堂明弘还创办了『陶ISM』（陶主义）机构，将日本各地的年轻陶艺家聚集起来举办展览，给了年轻艺术家们一个展示的平台。同时他还热衷于公益事业，在2011年东日本大地震之后，他发起『食器之力量』活动，每年定期组织陶艺家们向震区灾民捐赠食器。

烧缔花器

益乐白茶碗

烧缔花器

专访
二阶堂明弘

"我会将自己的思想幻化为形，大地、岩石的纹理、夕阳西下的天空、四季的变换，我一边想象着这些能够激发人想象力的自然风景一边烧制茶碗。"

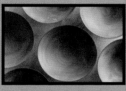

1/2/3

1 锖器大碗
©Ryo Suzuki 提供
2 手作器具
©Ryo Suzuki 提供
3 烧缔白花器
©Ryo Suzuki 提供

金锖花器

知日：您开始制作陶器的契机是什么？制作陶器时的感受又是怎样的呢？

二阶堂：我上中学的时候，日本迎来了泡沫经济崩溃的时期，年轻人对未来的期望随之崩溃，日本社会原本盛行的那种"考入好大学，进入好公司，安安稳稳地领着丰厚工资"的价值观不再适用。那时我感觉到我需要做一些更踏实、更实际的事情，成为陶艺家的想法便突然出现了。不过我想也许是童年时期在与同伴嬉笑玩耍时，那种用手触摸土地的感觉就一直藏在我的脑海深处，潜移默化地影响着我。

对我来说，我很看重"作品的味道"。从一个人的手中孕育而出的工艺品，不就像制作者的"魂"一样吗？刚刚烧制出来的陶器，在上面浇灌上釉层成为一件所谓的"作品"。这件"作品"可以说是我用我的意识，加以泥土、窑中的火焰，制造的一场"化学反应"，作品就是最后的结果，里面也包含了我的个人情感。

我一直都很珍视我的作品表现出的那种"个人情感"。

知日：从外观来说，您的作品似乎以单色居多，这其中有什么原因吗？

二阶堂：我希望能够尽量将泥土和原料的原始魅力激发出来，也许是因为这样，最后呈现出的作品会让人感觉"单色"比较多。但是，说是单色，其实里面也有浓淡的颜色变化和深浅的纹路，并不是完全的单色。

知日：您几乎都是使用"烧缔"这种技术。

二阶堂：是的，不过其实也有使用釉药的时候。我还是偏爱泥土最自然的那种颜色和质感。我们脚下的土地所经历的岁月是人类无法想象的。我痴迷于烧制泥土的过程，仿佛在烧制中可以感受到泥土沉积的"岁月感"。

知日："陶ISM"又是怎样的一个组织呢？

二阶堂：准确地来说"陶ISM"是一个由年轻陶艺家们自己创造的，进行艺术交流的"场"。20年前，我刚刚开始制作陶艺，彼时日本陶艺界基本被传统陶艺流派和大学内部组织"占据"，留给年轻独立陶艺家的自由空间很小。那时和现在不同，拥有电脑或使用网络的人还很少，年轻陶艺家之间都很缺乏互相认识或是交流的途径和机会。

不依赖于既存的陶艺派别、审美流派、价值观，我们几个年轻人想要创造出一个自由交流的"场所"，于是就有了最初的"陶ISM"。从建立到现在，"陶ISM"已经走过了10个年头，接到不少海外展览的邀请，还有一些海外的年轻陶艺家来看"陶ISM"的作品，我想我们还会走得更远一些。

知日：能谈谈您对茶道的看法吗？您如何理解"茶道艺术"？

二阶堂：主人为了体现自己的品位和兴趣，会准备适合当天茶会的挂画和插花、茶道具来迎接客人。点茶的过程中也饱含了主人的心意，客人在品茶之时便能感受到。身处同一间茶室的人们，会达到一种同感的境界，静静地度过这一段时间，这段共同记忆属于每一个身处于茶室中的人。

人与人能够在同感之中共同谱写出的这段"时间"，在我心中已经超越了艺术的范畴。

知日：关于茶和陶器之间的联系，您又是怎样看待的呢？在您制作一些茶道具作品的时候，是带着怎样的想法和情感去制作的呢？

二阶堂：无论是茶、树木、蔬菜、山兽，还是海洋中的生灵，当然也包括人在内，如果没有土地的存在肯定都无法生存下去。所以用泥土烧制出的陶器和茶之间肯定有着千丝万缕的联系。在用泥土制作茶碗的时候，我需要考虑到点茶者，需要思考如何通过茶碗让他把茶汤的美味最大限度地激发出来。此外，我会将自己的思想幻化为形，大地、岩石的纹理、夕阳西下的天空、四季的变换，我一边想象着这些能够激发人想象力的自然风景一边烧制茶碗。

知日：您曾说过"器即为艺术"，我们应该如何理解这句话的含义呢？

二阶堂：我曾经有过烦恼的时期，那时我觉得陶器不能算是艺术。这个想法甚至导致我没办法创作出作品。那段时期我常常思考"器"到底是什么。我感到"器"有某种界限存在。

对陶器界限的思考，使我开始认识到在其他方面事物所存在的界限，这其中也包括人思维的界限，人与人接触相处时的界限等。通过对事物界限的思考，我认识到界限的范围是因人而异的，每个人的想法各不相同，当然也充满了各种可能性。

在我的认知里，所谓的器（这里指日常使用的花器、陶器等），应该是可以让人们的生活有所改变，让人们可以充盈生活的一种艺术作品。

知日：您如何定义"茶器之美"？

二阶堂：绝大多数茶道具都有明确的尺寸和用途。在这种种的限制之下制作出的茶道具，也可以激发欣赏或是使用这种器物的人的想象力。拥有这样的"魔力"的器物，我想也非茶道具莫属了。

1 ——
2 | 3

1 白锖花器（纽约"侘寂与今日"展）
© 宫滨佑美子（miyahama yumiko）提供
2 益乐白茶碗（纽约"侘寂与今日"展）
© 宫滨佑美子（miyahama yumiko）提供
3 锖器 片口（纽约"侘寂与今日"展）
© 宫滨佑美子（miyahama yumiko）提供

初闻茶道的魅力

○meiki \ 采访 & 文

初めて知る茶道の魅力

您是如何接触到茶道的？

我上大学的时候学习的是日语专业，当时母校有一间日本茶道里千家捐赠的茶室，还有特地从京都派遣来执教的老师。茶道作为一门人文素养课是日语系三四年级的必修课。当时其他大学都还没有这样的课程，现在回想起来，真是十分难得的机会。

我也曾好奇自己为什么对日本茶道如此情有独钟。这个在过往生活中不曾接触过的事物，在第一次尝试时却毫无违和感，反而觉得是似曾相识的一件事。特别是在老师介绍茶室里每一件从日本运来的茶道具和装饰品时，我在每一件器物上面都看到了中国的影子。

张南揽 日本茶道里千家教授

喜欢喝什么茶？

我是浙江人，对茶的认知始于龙井和碧螺春。20 世纪 80 年代，茶的交流不像现在这样广泛，上大学前我一直都以为茶只有龙井、碧螺春和香片。到了北方之后，认识了天南地北的同学，才知道原来还有祁红、滇红、普洱、岩茶这些从未听说过的茶，才意识到原来大家是喝不同的茶长大的。那时姐姐去巴黎留学，又带回来各种法国的调香红茶，后来自己也去日本留学，喝了日本的抹茶、煎茶、玉露、煎焙茶、玄米茶，也接触到了中国台湾的乌龙茶，我对茶的认知才慢慢饱满起来。工作的原因，我几乎每天都会喝日本抹茶，所以在工作之余的日常生活中，我比较偏爱的茶是岩茶的白鸡冠、陈年的普洱茶，中国台湾的东方美人、包种茶等。我几乎不喝咖啡，也一直没有喜欢上日本玉露的味道。

喝茶时有哪些必要的讲究吗?

喝茶大多是因为口渴,或者想要一点"慢下来"的时间。

最实际的讲究应该算是对水的选择吧。选择一款软硬度合适的水,茶的滋味就差不到哪里去。相反,用自来水烧开冲泡,那再好的茶也会被夺了滋味。我一般选择溶解性总固体在 130 毫克每升以下的软水,口渴想喝茶的时候,抓一点茶叶(4~5 克)投入大茶杯中,开水一冲,放上 1 分钟就可以喝了。

想要享受慢生活,或者是邀请三两朋友一起饮茶时就会多一点讲究。如果是日本茶,顺序上是先吃茶点,再饮茶。茶点一般选择不带油、甜度高一些的果子。因为抹茶喝的是绿茶粉末,口感偏苦,需要甜味来中和口腔中的苦涩感。在茶具上,薄茶用的抹茶碗许多都绘有应季的图案,挑选应季的即可。夏天有敞口的器型便于散热,冬天有束口的器型便于保温。这些在日本茶道 500 多年的传承中已经细分得淋漓尽致,很难用寥寥数语来概括。茶具的组合在很大程度上依赖主人对器具的审美和偏好。不同的人会挑选不同风格的茶具组合,不会千篇一律,这也是茶道之于生活的可爱与美好之处。近 10 年中国茶的变化非常快,过去都是一个大玉兰茶杯,现在随处可见华美的茶席,摆放着精致的古董茶具,受中国台湾、日本煎茶道的影响不小。

谈谈您对日本茶道的理解吧。

茶道的整个过程在茶室中展开。但这个茶室不在深山老林,也没有小桥流水,而是在日常起居的主屋的侧面建起的一片幽邃的绿色的院落。茶室为呈现茶道而设,踏入幽深的小径,洗手、漱口,来到有别于日常生活的特殊空间的面前。在室町时代,人们把它称作"市中的山居",进入茶室,就仿佛置身于一个隐逸超脱的境界,这和中国古老哲学里所向往的"大隐隐于市"有着异曲同工之妙。在这里,它让茶人完成了一种更富有哲学性的思考与艺术性的呈现。

日本茶道是非日常的行为,进入茶道的世界,意味着要从现实、当下的生活中出离。

在这样一个出离的、非日常的空间里,茶人们添炭、奉上怀石料理、点浓茶、添后炭、点薄茶等。主宾之间心照不宣,依循古礼的行止进退,形成了一个纯粹洁净的和谐之境。作为一席茶会的主人,安排茶室的陈设,组合考究的道具,并以某种目的或主题来召唤客人们的整个过程,其中的很多细节都值得玩味。席中书画的装饰、插花的装点、怀石料理和茶点的制作,都是了不起的艺术创作。而作为客人,你须充分开启自己的感官去体会主人的用心,懂得欣赏茶道具,懂得如何用言语应对。主宾之间心中满怀敬意,仪表庄重,言语中互相启迪,在茶席中共同完成对更高境界的美的追求和心灵的纯化。

茶会中,茶、花、器、荫翳的色彩、自然的声响、茶人的姿态、极少的言语,以及茶室简素清净的美学追求交会一处,共同达成一次"出离俗世"的会面。在这里人们都显得自然、恭顺、有礼有节。

这里没有过分的雕琢,也没有刻意的装饰,省略了一切不必要的要素,以最少的道具和最小的动作实现最本质的美感。

您是如何接触到日本茶道的？

这个问题要从两个方面阐述。其一，以前做建筑师的时候，我对日本园林十分感兴趣。在日本游学期间，我发现日式园林中有一类专为日本茶道设计的庭园——"茶庭"，这种庭园格外雅致清幽。我觉得为了深入理解日式园林，必须切身体会日本茶道。其二，我在阅读中国茶史时，对宋代茶的品饮方式非常感兴趣，而日本茶道也深受宋代品茶方式的影响。冈仓天心说过："宋代是茶的浪漫主义时代。"我觉得日本茶道正好可作为一种实物标本，用来管窥宋代茶文化的点滴。

喜欢喝什么茶？

因为一直在做与茶业相关的教学工作，各类茶品都有所接触，已经习惯去接受各种茶的口味。孔子曾说："不时不食"，意思就是吃东西需要按季节、按时令去吃，茶的品饮亦同理。一年四季，时节流转，我对茶的选择也在不断变化，喜欢随着季节去品饮时令茶。就好像在日本，无论美景还是美食，都讲究岁时之味。中国茶自然博大精深，但当代日本茶中也有不少口味调制得不错，适合夏季冷泡。

喝茶时有哪些必要的讲究？

在日本茶道中，茶道的集大成者千利休曾提出"千家十职"的概念，对于本门派的茶器具、茶室、插花、挂轴等都有一定的要求，所以布置茶会招待客人很考验客人的审美。根据季节、客人的情况来安排器具与茶点十分重要。这也就是日本茶道里说的"一期一会"。中国古人在饮茶时也是十分讲究的，比如使用的茶器、饮茶的环境、谈话的内容等。茶圣陆羽就茶具曾说过："南青北白，邢不如越。"从这句话中可见他对于茶具，应该有着属于自己的审美及要求。在明代出现了所谓"文士茶"的形式，这一形式其实可以从文徵明等文人关于茶的画作中体会到，饮茶需要通过营造一种高雅的氛围而直达精神世界。

晓茜说茶 京都茶之美术馆馆长、明代瀹茶法研究会会长

可以分享一次体验茶道的经历与感受吗？

日本的茶道流派众多，各自都有自己的规仪与道场。虽然许多人会说日本茶道源于中国，可当你深入理解了日本文化后再去体验日本茶道时，却发现茶道中早已融入了日本人的精神，成了"人家的孩子"。作为中国人，你可以去体验却无法照搬。我在京都做了一些关于当代中国茶品饮形式的尝试，比如在京都临济宗古刹东福寺—华院举办了中国茶雅集。用中国古代茶器与日本茶器进行混搭，与中日茶客分享中国的白茶与普洱。因为学过建筑，在布置茶空间时，我也运用了一些时尚元素，后来被一位煎茶道的家元借鉴，用在了万福寺的茶会中。当时来宾中有一位临济宗的方丈还问，是否能跟着我学习中国茶。这也启发我在京都开辟一条推广当代中国茶的路径。我做了两个尝试：一个是与朋友成立了"明代瀹茶法研究会"，推广中国式茶。另一个是在京都的新门前通开设"茶之美术馆"，做关于茶文化的展示和雅集。

谈谈您对日本茶道的理解。

在我看来，日本茶道更多的是关于"礼"的培养。茶会的过程中，其姿态、手法、流仪等全是为了表现"不充分"的风姿，并由这种谦卑来体现孤寂人生。这种不充分，恰如书画中的留白，抑或是音乐中的余韵。《茶道的历史》作者桑田忠亲说："日本艺术的着眼点，在于用东洋的精神，表现不完全的形与姿。它来源于认为神佛是全能的，而人的世界是不完全的这一观念。"由此看来，诞生于16世纪的茶道也许可以算作日本的美学革命，亦是日本人的最高精神追求。这种思想与中国文化也有相通之处，茶圣陆羽说过，茶是面向"俭德"之人的精神饮品。《易经·否之卦》有云："君子以俭德辟难，不可荣以禄。"以精神抵御物质，二者相通。我们谈教育常说先培养人格而后是知识，也是这个道理。诚然中国茶是复杂的，因此很难在规矩中得以传承。也因此，大部分中国茶的修习者也只能从中得到"艺"而非"意"。相比之下，在这方面日本茶道作为修养之教育又是成功的。道的修习不能居高临下，心怀傲慢则只会管中窥豹。中日茶文化互为参照，方见真趣。

您是如何接触到日本茶道的？

我是云南人，云南盛产滇红、普洱、绿茶、花茶，从小受家里人影响，很喜欢喝茶。工作后身边有一些对日本茶道感兴趣的朋友，多少了解到一些。真正接触茶道应该是在我去日本工作的时候，节目组需要去宇治寻找最好的抹茶，当地很有名的茶道大师给我们讲解了喝茶的三种礼法、抹茶的制作、品茶的步骤等，有大师的亲自示范，茶碗、茶壶都美得要命，大概一下午的时间，在场所有人都听得超级入神。从那次开始，我才真正对日本茶道有了特别浓厚的兴趣，不忙的时候也会约朋友来家里喝茶，过一个悠闲的下午。

梦遥 美食博主

喜欢喝什么茶？

普洱是我的最爱，毕竟从小喝到大，其次是抹茶。我平时的喝法是一茶匙的抹茶粉冲 150 毫升左右的温水，然后用茶筅捣开，好的抹茶喝起来虽然苦涩，也许还有点儿腥气，但回味中会有淡淡的甜，苦涩给人深刻感，回甜是它给你的一点点小惊喜。不过大多数妹子可能喝不惯纯抹茶，可以加点蜂蜜，或者加进热牛奶里，风味也很棒！我还试过做抹茶冰果，把抹茶、冷冻过的水果放进料理机里搅打，很适合夏天的一种做法。

喝茶时有哪些必要的讲究吗？

因为在云南长大，我最喜欢的就是用普洱茶搭配云南火腿月饼。云腿月饼酥皮的油润跟宣威火腿的咸甜味道，很容易让人产生饱腹感，搭配一壶普洱，消食解腻，在味觉上起到了画龙点睛的效果。作为云南人，我想告诉大家，好的普洱应该有四香，一是鼻翼之香，热茶汤凑近鼻子可以闻到的陈香；二是口唇之香，初入口会感到滋味香馥；三是舌颊之香，茶汤滚过舌面留下甜香不退；四是咽喉之香，茶汤流淌入食管，喉头翻上来的热且浓的芳醇，也叫喉韵，有的是陈香、荷香，有的是樟香、枣香。

可以分享一个在茶室中品茶的经历和感受吗？

自己很少去茶室，一般都是在家里或者工作室喝茶。最近一次去茶室还是两年前朋友邀约，跟自己在家泡茶比起来，在茶室喝茶多了一种仪式感，茶具也更齐全，看茶艺师慢条斯理地鼓捣着那些家伙式儿，心也跟着静下来了，很放松。自己在家泡的话很多步骤就被简化了，但是有自己动手的乐趣。

谈谈您对日本茶道的理解吧。

虽然茶文化最早起源于中国，但日本的确把这种文化发展到了极致。我曾经在"简书"上看到过一段描写日本茶道的话，很喜欢，也分享给大家："有人说茶道是一种身体语言，通过流畅的动作和流程，让沏茶者亲身体验到动作中蕴含的意义，在舀水、倒茶、擦拭、观赏的过程中，静静地凝视当下的情景，专注于此时此刻的感受。这是一种长达十年、二十年甚至一生的练习，没有为什么，只要照着做就行，经过时间的淬炼，终会悟到茶道的真谛。"学校的教育往往要求每个人在规定的时间学会做某件事，并且分出优劣，教会人竞争的残酷。而茶道包容每个人的不同，没有时间的限制，没有优劣的评判，你所体悟到的一切都是你自己的财富。

斑鸠 kagura 咖啡店斑鸠 IKARUGA 店主

您是如何接触到日本茶道的?

最初了解到茶道的存在是何时,其实真的很难追根溯源了。应该说对日本文化略感兴趣的人对"茶道"二字都不会觉得陌生。但真正意义上对茶道开始产生兴趣进而觉得很有必要深入了解是因为意识到其"避无可避"吧。我发现无论是读日本历史也好,学着去欣赏侘寂美学也好,或是参观日本博物馆中的文物藏品,抑或是收集日本匠人的作品,都会和茶人、茶道具、茶道精神产生千丝万缕的联系。这也许可以叫作"条条大路通茶道"。

喜欢喝什么茶?

单从口味来说,我喜欢尝试不同产区不同品种的茶,有一种结交新友的喜悦感。口切茶有一种仪式感上的独特。口切茶就是当年的新茶,自5月采摘封罐直至11月才开封启售。日语中"口切"有事物开始的意思。每年喝口切茶的时候便象征着冬天的来临,对茶事而言又是新的一年了。在日本,很多茶室会举行口切茶会,在茶会上不仅是给新茶开封,也会在一年中第一次使用地炉(在此之前都使用风炉)。可惜我家中没有地炉,所以在喝口切茶那天我会换一只釜以示纪念。用半年未见的旧釜煮水,品着口切茶,回想着去年这个时候也是如此,相似却又有着或多或少的不同,总会萌生白驹过隙、岁月如梭的感慨。也许我喜欢喝口切茶更多的是因为它标记着每一年的变迁吧。

喝茶时有哪些必要的讲究吗?

如果说茶室是自成天地,那茶道具一定是其中最美的景致。我觉得日本禅师、茶人、匠人将禅学的奥义、自然之静美、处世的通达、技艺之巧思全然注入了茶道具之中。所以才有了"床之间"的无尽智慧与一方自然,才有了碗中摇曳的星辰宇宙。于我,茶道具是连接我与茶和茶中万物的纽带。季节、天气、心情或是当天衣着的样式与颜色都会成为我选择茶器时的考量,夏天我会偏好青瓷香炉充满凉意的釉质,冬季则贪恋螺钿梨木漆制香盒的暖色;织部烧印证着晴日烈阳下的草木繁盛,白萩茶碗则最衬瑞雪纷飞;为茶枣搭配颜色相称的茶勺,如果穿着颇具禅意的宽袖衣一定会选刻有偈语的茶则;有挚友相访那就一定要捧出我的心头大爱——九代乐吉左卫门烧制的黑乐茶碗了。

茶器的选择原本就没有对错之分,全看茶人对自然、对美的理解与感悟。我很喜欢战国的茶人武野绍鸥,他善于在生活的森罗万象中发掘美,将之引入茶室成为不拘泥形式的茶道具。所以有时我也会心念一动或用咖啡滤杯做花器,或是取碎小的飞石做香立,也颇有趣味。

可以分享一个在茶室中品茶的经历和感受吗?

京都二条城每年在 11 月初都会举办市民茶会,很有意思。相较于正统的茶会,这种市民茶会对茶客不会有太高的要求,即使不熟识茶道的礼仪与流程,也可以很好地享受这一过程而不会觉得失礼。在市民茶会上除了见到身着和服、带着扇子帛纱的长者,我还遇到不少穿着牛仔裤、背着大背包的各国游客,大家都兴致盎然,而且市民茶会的价格很经济,两茶席外加点心席的价格尚不到人民币 200 元,还可以同时游览二条城,无论是作为茶道初体验还是感受深入民间的别样茶道都是不错的选择。不过也正因如此,参加人数众多,排了好长时间队。

谈谈您对日本茶道的理解吧。

以茶为媒,借茶悟道。看似饮茶,实则修心。

茶在镰仓时代初期就从中国传入了日本,但当时茶只是贵族一展风雅的道具,只能称之为茶汤,直到茶与神佛相交才被冠以"道"之名。茶道讲究"禅茶一味",在我看来茶只是载体,禅才是本质。万法自然谓之道,道可悟却无法借言语相授。僧人传道靠入定参禅,茶人传道靠清茶一碗。"有慧根"者可从茶中看宇宙天地、人世浮沉,"无佛缘"者亦可享一时心静,品四时香旨。每一次茶会都是主客间没有压力、没有负担的相处,坦诚相待不求结果的一期一会。茶主将参悟到的人世之理自然之意毫无保留地一一呈现,茶客则以自己的方式、角度、深度去接受、感悟茶主所想分享的不可言传之"道"。

一人一哲学,一花一世界。茶道不是拷贝与模仿,每个茶人都应有属于自己的茶之道。如果只是一味地追求点茶的手势高低、姿态的优美与否,便只得了皮毛终是落了下乘。我喜欢收集茶道具,但却又很羡慕村田珠光的一名弟子侘茶人善法,他用他唯一的小锅烧水、做饭、热酒、煮茶,无需满屋茶器,一盏茶心足矣。心静而茶趣,我很向往他的茶道世界。

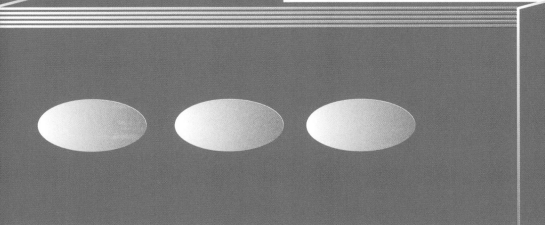

《知日》零售名录：

网站 当当网 / 京东 / 文轩网 / 博库网 天猫 中信出版社官方旗舰店 / 博文书集图书专营店 / 墨轩文阁图书专营店 / 唐人图书专营店 / 新经典一力图书专营店 / 新视角图书专营店 / 新华文轩网络书店 北京 三联书店 /PageOne 书店 / 单向空间 / 时尚廊 / 字里行间 / 中信书店 / 万圣书园 / 王府井书店 / 西单图书大厦 / 中关村图书大厦 / 亚运村图书大厦 上海 上海书城福州路店 / 上海书城五角场店 / 上海书城东方店 / 上海书城长宁店 / 上海新华连锁书店港汇店 / 季风书园上海图书馆店 / "物心"K11 店（新天地店） 广州 广州方所书店 / 广东联合书店 / 广州购书中心 / 广东学而优书店 / 新华书店北京路店 深圳 深圳西西弗书店 / 深圳中心书城 / 深圳罗湖书城 / 深圳南山书城 江苏 苏州诚品书店 / 南京大众书局 / 南京先锋书店 / 南京市新华书店 / 凤凰国际书城 浙江 杭州晓风书屋 / 杭州庆春路购书中心 / 杭州解放路购书中心 / 宁波市新华书店 河南 三联书店郑州分销店 / 郑州市新华书店 / 郑州市图书城五环书店 / 郑州市英典文化书社 广西 南宁西西弗书店 / 南宁书城新华大厦 / 南宁新华书店五象书城 / 南宁西西弗书店 福建 厦门外图书城 / 福州安泰书城 山东 青岛书城 / 济南泉城新华书店 山西 山西尔雅书店 / 山西新华现代连锁有限公司图书大厦 湖北 武汉光谷书城 / 文华书城汉街店 湖南 长沙弘道书店 / 德思勤 24 小时书店 天津 天津图书大厦 安徽 安徽图书城 江西 南昌青苑书店 香港 香港绿野仙踪书店 云贵川渝 成都方所书店 / 贵州西西弗书店 / 重庆西西弗书店 / 成都西西弗书店 / 文轩成都购书中心 / 文轩西南书城 / 重庆书城 / 重庆精典书店 / 云南新华大厦 / 云南昆明书城 / 云南昆明新知图书百汇店 东北地区 大连市新华购书中心 / 沈阳市新华购书中心 / 长春市联合图书城 / 新华书店北方图书城 / 长春市学人书店 / 长春市新华书店 / 哈尔滨学府书店 / 哈尔滨中央书店 / 黑龙江省新华书城 西北地区 甘肃兰州新华书店西北书城 / 甘肃兰州纸中城邦书城 / 宁夏银川市新华书店 / 新疆乌鲁木齐新华书店 / 新疆新华书店国际图书城 机场书店 北京首都国际机场 T3 航站楼中信书店 / 杭州萧山国际机场中信书店 / 福州长乐国际机场中信书店 / 西安咸阳国际机场 T1 航站楼中信书店 / 福建厦门高崎国际机场中信书店